◆応用数学基礎講座◆

トポロジー

杉原厚吉

[著]

朝倉書店

本書は，応用数学基礎講座 第 10 巻『トポロジー』(2001 年刊行) を再刊行したものです．

応用数学基礎講座
刊行の趣旨

　現在，若者の数学離れが問題になっている．多くの原因が考えられるが，数学が嫌いな大人や，数学を利用するあるいは専門とする研究者にも責任があるように思える．数学は本来「実証科学」としての性格をもっていた．自然・社会・工学・経済・生命などにおけるさまざまな現象に素朴な疑問を抱くことが大切である．

　応用数学の目的は，諸現象に付随する専門的な問題，あるいは諸現象に抱く素朴な疑問を解決するだけではない．それを調べるプロセスから新しい問題を自ら探し，そこから数学の応用的な分野においても，さらに数学の理論的な分野においても，新しい研究分野を開拓していくことである．

　その際，「理論」を応用することに重点がある「理論から現象」の順問題としての姿勢と，「現象」を数学的に定式化することに重点がある「現象から理論」の逆問題としての姿勢がある．応用分野の研究者が数学の理論を用いて諸現象の問題・疑問を解決できないあるいは説明できないとき，その理論は単なる数学の理論であると一蹴されることがある．数学者がその批判に答えるには，その研究者の姿勢が上記のどちらにあるにせよ，適用する理論の前提条件を検証するというステップを踏むことが必要である．それが論理の真髄であり，数学の文化であるからである．数学を諸現象の解明に応用する立場からは，単に解決の方法を学ぶだけでなく，現象の背後にある原理自身を数学的にとらえ，定式化することが重要である．その意味で，「現象から理論」・「理論から現象」の両方の姿勢が欠かせない．「実証科学」としての数学は，現象を解決する結果も大切であるが，そこに至るプロセスも同じように大切にしているのである．

　この応用数学基礎講座では，理工系の学生に必要な数学の中核部分を，数学者あるいは数学利用者の立場から丁寧に解説する．「理論が先にあるのではなく，現象が先にあり，現象から理論を学ぶ」という謙虚な姿勢を強調したい．そうしてこそ初めて，実践に裏付けされ生き生きした理論が構築できるだけでなく，未知の現象の解明に繋がる発見と，そこから形あるものの発明あるいは建設ができると考えている．

　この応用数学基礎講座では，理工系の学生が数学の考え方を十分理解して，応用力を身に付けることを第一の目的とする．さらに，数学者が応用分野の研究の大切さを知り，数学利用者が数学の真の文化を知ることができることを願っている．それによって，若者のみならず大人の数学離れが少しでも解消することになれば，この応用数学基礎講座の目的は達成されたことになる．

編集委員

まえがき

　この本は，大学の理工系学部生を対象とするトポロジーの教科書である．トポロジーは，空間や図形に連続な変形を施しても変わらない性質を調べるものである．その意味で，最も制限のゆるい幾何学である．言いかえると，図形からできる限り飾りをそぎ落としたとき，最後に残る芯の部分を調べる学問であると言ってよいだろう．だからこれは，広い範囲の現象を解析するための基本的な道具としても重要である．

　このように飾りを取り去ったあとの芯の部分を扱おうとすると，どうしても話が抽象的になりがちである．それを避けるために，本書では，できるだけ直観的なイメージから離れないように心がけた．具体的には，特に次の二つの点を重視した．

　第一に，特に前半では，でき上がった理論を天下り式に述べるのではなくて，素朴な疑問から出発して，読者と一緒に一歩一歩進むというスタイルをとった．数学書というと，最初に本題に必要な準備が周到になされ，そのあとに隙のない論理が展開されていくというものが多いが，この本では，そういう禁欲的な態度はやめた．準備もなく，いわば無防備のまま対象にぶつかり，行き詰まったところで一歩さがって必要な準備をする．そして今度は，その準備した道具を携えて，再び対象にぶつかるのである．こういう方法は回り道のように見えるかもしれないが，なぜ準備が必要なのかがよくわかるから，格段に精神衛生によい．そしてそれが，結局は抽象的な理論体系を理解する近道だと私は信じている．

　第二に，現象から遊離しないということをしつこく守り，脱線だと言われかねないぐらい大胆に身の周りから例を拾った．その中にはロープマジックなどの"遊び"もあるが，大規模集積回路の配線設計や有限要素法のためのメッシュ

生成などの"まじめ"な応用もできるだけ多く入れた．これらを通して，数学が，決して世の中とは別の世界のものではなくて，生活の中にあるものだということを理解し，そういう形で数学を身につけてほしい．

たとえば，結び目の理論を学ぶと，どういう条件のもとで結び目ができて，どういう条件のもとではできないかが理解できる．しかし一方で，ミシンで布が縫えるという事実は，それに反するように見える．なぜなら，結び目ができるためには，ひもが穴を通り抜けなければならないのに，ミシンの針は往復運動をくり返すだけで，その先についた糸は布に少し食い込んだあとすぐにもどされるからである．このギャップに気付いたとき，不安を感じる正常さをもっていてほしい．数学で学んだことが現実世界の現象と相反するように見えても平気でいられるようでは，「例外のない論理体系」としての数学を本当に身につけたとは言えないのである．

トポロジーにおいて最も基本的な概念は「位相」である．この「位相」に関して，本書では距離から導かれるものだけを扱った．距離とは必ずしも結びつかない抽象的な「位相」もあるが，それについては本書で学んだあとで，次のステップとして勉強してほしい．本書では「位相」をこのように限定したうえで，トポロジー理論の中心的話題である「ホモトピー」と「ホモロジー」について扱った．

さらに，通常のトポロジーの教科書ではあまり扱われない「トポロジーの計算論」と「グラフ理論」を含めたことも本書の特徴である．前者は，コンピュータを使って実際にトポロジーに関する計算を行うときの計算効率を高めるために重要な，新しい分野である．一方，後者は，最も次元の低い複体の理論であって，そこでの位相不変量が具体的な問題を解くために役立つ例をできるだけたくさん集めた．これらの題材を通しても，トポロジー（を含めた数学）が身の周りの現実社会と深く結びついたものだということを理解してほしいと願っている．

本書を書くにあたって，多くの人のお世話になった．本書の一部は，私が東京大学工学部計数工学科で行った「幾何数理工学」の講義資料がもとになっている．この講義を通して，学生諸君からいただいた質問やコメントは，この本をまとめるにあたって大いに役に立っている．本シリーズの編集委員の東京大

学大学院情報理工学系研究科 岡部靖憲教授には，本書の初稿をていねいに読んでいただき，多くの有益なコメントをいただいた．また，同じ研究科の数理情報学専攻第5研究室の助手の西田徹志君，大学院生の谷田川英治君，今井 聡君にも間違いやわかりにくいところを指摘していただいた．金崎千春さんには，乱雑な原稿を手際よく整理していただいた．朝倉書店編集部には，本書の計画段階からやさしくしかしコンスタントに激励をいただいた．以上の方々に心から感謝の意を表する．

2001年8月

杉原厚吉

目　次

1. 図形と位相空間 …………………………………………… 1
　1.1　身の周りのトポロジー ……………………………………… 1
　1.2　位相空間と位相同型 ………………………………………… 8

2. ホモトピー …………………………………………………… 27
　2.1　ホモトープ …………………………………………………… 27
　2.2　群 ……………………………………………………………… 34
　2.3　基本群 ………………………………………………………… 37
　2.4　代表的な位相空間の基本群 ………………………………… 43

3. 結び目とロープマジック …………………………………… 50
　3.1　結び目の理論 ………………………………………………… 50
　3.2　ロープマジック ……………………………………………… 57

4. 複体 …………………………………………………………… 67
　4.1　単体と複体 …………………………………………………… 67
　4.2　複体の折れ線群 ……………………………………………… 75

5. ホモロジー …………………………………………………… 81
　5.1　複体の鎖群とその部分群 …………………………………… 81
　5.2　剰余群と加群 ………………………………………………… 90
　5.3　ホモロジー群とその計算 …………………………………… 101

6. トポロジーの計算論 116
- 6.1 ベッチ数の計算 116
- 6.2 閉曲面の基本的性質 130
- 6.3 閉曲面に関する計算 143
- 6.4 ディジタルトポロジー 152

7. グラフ理論——1次元位相空間論 160
- 7.1 グラフとそのホモロジー群 160
- 7.2 一筆書き 166
- 7.3 グラフの諸性質 173

演習問題略解 193

さらに勉強するために 203

索引 207

1

図形と位相空間

　この章では，まずトポロジーに関わりのある現象を，身の周りからいくつか拾い集めて眺めてみる．抽象的な議論にスムーズに入れるように，少し心の準備とウォーミングアップをしておきたいからである．そして次に，トポロジーの中心的対象である"図形"について考える．この"図形"を，あいまい性なく，しかも以後の議論がしやすいようにとらえようと追求していくと，"位相空間"という概念に到達する．この"位相空間"こそ，トポロジーの最も基本的な研究対象である．実際，この本の2章以降では，この"位相空間"の構造を調べるために，いろいろな方向から眺めていくことになる．

1.1　身の周りのトポロジー

　トポロジーは，図形に連続な変形を施しても不変に保たれる性質を調べる学問である．連続な変形とは，やわらかいひもやゴムを，やさしく曲げたり引っ張ったり縮めたりするときのように，おだやかに形を変えることである．今までつながっていたところをはさみで切り離したり，今までつながっていなかったところを糊でくっつけたりしてはいけない．だから，連続な変形とは"つながり方"を変えない変形であると言ってもよいであろう．

　ではそのような連続変形を施しても不変に保たれる性質を調べるトポロジーという学問は，どのようなところで役に立つであろうか．このことを考えるために，この節では身の周りや産業活動の中に現れるトポロジーに関連した話題を拾い上げてみよう．こうして現象との関わりをまず見ておけば，トポロジーの煩雑な議論に分け入っても目標を見失うことなく学習ができるだろうと思う

からである．

(1) ロープマジック

ロープを使ったマジックがたくさんある．はさみで切ったはずのロープがいつの間にかもとの 1 本に戻ったり，図 1.1 のように結び目のなかったロープにいつの間にか結び目ができたりするマジックである．これらがマジックとして成り立つという事実は，実は私たちがトポロジー不変性についてかなりの"常識"をもっていることを示している．

図 1.1　ロープマジック

いったん切断して 2 本に分かれたロープは，糊でくっつけない限り 1 本のロープには戻らないとか，両端をそれぞれの手にしっかり握ったロープにどんな変形を加えても，握った手を離さない限り結び目は作れないとかいう性質を，私たちは当たり前のこととして知っている．だからこそ，その常識を破るマジックに感動できるのである．もしそのような常識をもっていなかったら，切断したロープがもとにもどったり，結び目が現れたり消えたりしても何の感動もなく，マジックが成立しなくなってしまう．トポロジーの中の「結び目の理論」は，ロープに関する私たちのこの常識を補強し体系化してくれるであろう．

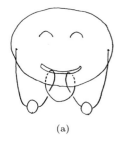 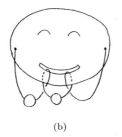 

図 **1.2** ニコニコパズル

(2) ニコニコパズル

皆さんの中には，ロープに関する私たちの常識はかなり確固としたものであって，トポロジーなどという学問で補強されなくても大丈夫だと思っている人がいるかもしれない．しかし常識というのはあいまいなものである．常識が必ずしも通用しないことを実感できる一つの例が，図 1.2 に示すパズルである．

この図に示すように，顔の形をした 1 枚の固いプラスチックの板があり，口のところに細い穴があけてある．両耳のところにも小さな穴があって，図のように口の穴に絡んだ 1 本のひもの両端が，それぞれの耳の穴に結びつけられている．そして，このひもには，穴のあいた 2 個の玉が通してある．玉は，口の穴より大きくて，口の穴を通過することはできない．以上のような道具立てのもとで，図の (a) に示すように，2 個の玉が左右に分かれている状態から，(b) に示すように一つの玉が中央へ移った状態，あるいは (c) に示すように二つとも一方に集まった状態へ移動させることができるか否かを答え，できる場合にはその手順を示しなさい，というのがこのパズルの課題である．もちろん，耳の穴に結んであるひもをほどいてはいけない．

(a) から (b) へ移るためには，玉を口の穴を通過させて顔の裏側へ移動させなければならない．(b) から (c) へ移るためには，玉をさらにもう一度，口の穴を通過させて顔の表側へ移さなければならない．しかし，玉は口の穴を通過できないのであるから，"常識"で考えると (b) や (c) の状態へ移すことは不可能のように思える．

確かに (a) から (b) へ移すことはできない．しかし，"常識"に反して (a) から (c) へ移すことはできてしまうのだ．仮に (a) から (b) へ移り，(b) から (c)

へ移ることができたとしたら，玉は口の穴をまず表側から裏側へ通過し，次に裏側から表側へ通過するはずだから，互いに逆向きに2度通過してもとへもどっているわけで，一度も通過しないのと同じであるとみなすこともできる．そう考えると，(a) から (c) へ移すことは，いちがいに不可能とは言い切れなくなるだろう．実際，玉を裏側へ移し次に表側へもどすということを，玉は移さないでひもの方の移動で代用できて，(a) から (c) へ移すことができる．詳しい手順は「結び目の理論」のところで見る予定である．

(3) ミシン

ミシンで布が縫えるのも，トポロジーの常識に反する現象ではないだろうか．ミシンでは上糸と下糸とよばれる2本の糸が使われる．上糸はミシン台の上の糸巻きから出て針の穴を通って外へのびている．下糸はミシン台の下の糸巻きからミシン台の上へ出て，そのまま外へのびている．そして，ミシンの針はただ上下に往復運動をするだけである．

手で縫うときには糸は1本しか使わない．これを針に通して，布を貫通させるから縫うことができる．しかしミシンの針はこれとは異なり，布を貫通はしない．ちょっと布に食い込むだけですぐにまたもとへ引っ込んでしまう．それにも関わらず，上糸と下糸がしっかり絡まって縫うことができる．これはロープマジックにたとえると，図1.3 (a) のように2人がもった別々のロープが，両端をしっかりにぎったまま (b) のように絡まった状態に移るようなものである．このようにミシンの働きは，まるでトポロジー不変性をあざ笑うかのようである．

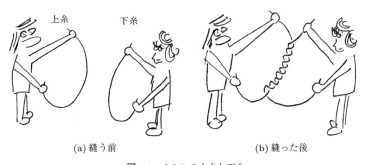

(a) 縫う前　　　　　　(b) 縫った後

図1.3　ミシンの上糸と下糸

ミシンがなぜ縫えるかも,「結び目の理論」の節で考えたい.しかしそれまで待てないという読者は,是非ミシンの中を開けて,実物の動きを観察してみていただきたい.糸が絡まる原理と,それを実現する機構の両方に感動できるであろう.

(4) メッシュ生成

図 1.4 (a) に示す三角形のピースがたくさん与えられているとしよう.それぞれのピースは辺に突起とくぼみがあって,二つの三角形ピースが辺に沿ってぴったり接続できるものとする.また,このピースはやわらかい素材でできていて,ある程度は曲げたりのび縮みさせたりできるものとする.したがって,このピースを多数つなぎ合わせるといろいろな曲面を作ることができる.

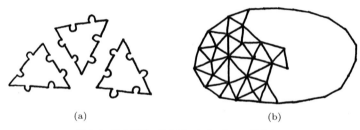

図 1.4　三角形ピースを使ったメッシュの組み立て

今,3 次元空間に一つの閉曲線(たとえば円)が与えられ,上の三角形ピースをつなぎ合わせて,この閉曲線を境界とする曲面を張りたいとしよう.ただしこの閉曲面は端から端まで数キロメートルぐらいあって,面を張るためには百万個ぐらいの三角形ピースが必要で,1 万人の人間が 1 人約百個ずつのピースを受け持ってそれぞれ一部分を作り,それをつなぎ合わせて全体を作るものとしよう.また,周りには霧がかかっていて 1 人で構造全体を見渡すことはできず,それぞれの人間は,自分の近くのピースが境界閉曲線以外では途切れることなく接続されていることを確認できるだけだとしよう.

こんな環境では,図 1.5 (a) に示すようなすなおな曲面以外に,たとえば (b) に示すような"すなおでない"曲面もできるかもしれない.これらの構造は三角形が網の目のようにつながってできているので,三角形メッシュとよばれる

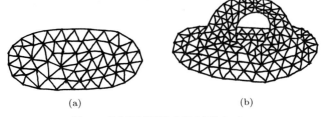

図 1.5 閉曲線を境界とする三角形メッシュ

（この本では後ほどこの構造を曲面の「単体分割」と言い直すが，今しばらくは工学で使われている「メッシュ」という用語を用いることにする）．

　三角形ピース同士のつながり方——すなわちメッシュの構造——は変えないで，各ピースの形や大きさだけを少しずつ変化させていっても，(a) の曲面から (b) の曲面へ移れないことは直観的には明らかであろう．さて，今，本当は (a) の曲面を張りたいのだが，でき上がったものが (b) のような曲面かもしれないので，(b) ではなくて (a) であることを確認したいとしよう．どうすればよいであろうか．

　そのためには曲面を分類する技術が必要となる．すなわち連続な変形で互いに移り得るものは同じ種類とみなし，移り得ないものは異なる種類とみなすための技術である．この本では，この問題を解くために役立つ技術を二つ学ぶ．一つはホモトピーとよばれる理論で，もう一つはホモロジーとよばれる理論である．

　ところで，上のようにピースを貼り合わせた三角形メッシュ構造は子供のおもちゃぐらいにしか出てこないだろうと思われるかもしれないが，そうではない．工学の現場で切実な問題として現れるのだ．偏微分方程式の数値解法の一つに有限要素法とよばれる技術がある．そこでは，もし問題が 2 次元なら，対象となる領域を三角形などの"有限要素"に分割したメッシュ構造が必要となる．境界の形が指定されたとき，その内部を三角形に分割してメッシュを作る作業は，ちょうど霧の中で多くの人が手分けしてピースを組み上げるように，局所的な処理によって部分ごとに作られる．しかし，コンピュータでの数値計算には誤差が含まれるから，必ずしも望みのメッシュが得られるとは限らない．でき上がったメッシュが (a) ではなくて (b) かもしれないという危険性が残るの

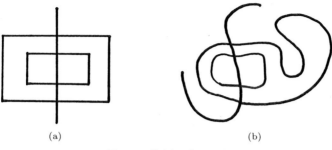

図 1.6　一筆書きできる図形

である．したがって，でき上がったメッシュが (b) ではなくて (a) であることを確認する方法は，工学的にも重要な技術である．

(5) 一筆書き

　紙面に下ろしたペンを，途中でもち上げることなく，また同じ線を 2 度なぞることもなく動かして図を描くことを「一筆書き」という．与えられた線図形が一筆書きできるかどうかという性質は，その図形に連続な変形を施しても変わらない．たとえば図 1.6 (a) の図形は一筆書きができる．したがって，それを連続に変形した (b) も一筆書きができる．

　線図形から，そこに現れる交点や端点とそれらの接続関係だけを抽出した構造は，グラフとよばれる．線図形を連続に変形させてもそのグラフ構造は変わらない．したがって，一筆書きができるか否かはグラフの性質であり，グラフ理論の章で扱う．

　一筆書きも工学的応用をもった重要な概念である．たとえば大規模集積回路の製造は，回路の原図をシリコン単結晶の上に写真製版するようにして作られるが，そのための原図はプロッターとよばれるペン制御装置によって描かれる．このとき，回路図をできるだけ小数の一筆書きできる部分図形に分解して描けば，ペンの空送り（ペンをもち上げて移動する作業）が減り，図の描画時間を短縮できる．そのためには，与えられた図形を一筆書きできる部分図形に――それもできるだけ少数の部分図形に――分解する方法が必要となる．

(6) プリント配線

初期の頃の電気回路は，絶縁体で被覆された電線を使って空間で立体交差するように配線されたため，どのような回路でも自由に作ることができた．一方，最近の大規模集積回路やプリント基盤は，回路は平面上に作られる．このときの配線は印刷工程などによって実現されるために絶縁されておらず，むき出しの線が使われる．したがって線同士が交差してはいけない．だから，ここでは，設計した電子回路が，線が交差しないように平面に描けるか否かを判定し，描ける場合には具体的に素子や線を配置することが重要な技術である．

回路の線が交差しないように平面に描けるか否かは，その回路のグラフ構造に関わる性質である．平面に描くことのできるグラフを，平面グラフという．したがって，回路をプリント配線で実現できるか否かは，回路のグラフが平面グラフか否かで決まる．そして，平面グラフでない場合には，平面グラフに分解する方法が必要になる．これらもグラフ理論——すなわち1次元トポロジー——の問題である．

1.2　位相空間と位相同型

トポロジーとは，図形に連続な変形を施しても変わらない性質を調べる学問である．では，"図形"とは何だろうか，そして"連続な変形"とは何のことだろうか．

結論を先に述べると，トポロジーでは，図形のことを"位相空間"という概念でとらえ，二つの図形が互いに連続な変形で移り合うことを"位相同型"という概念でとらえる．しかし，これらの概念を定義するためにはいくつかの準備が必要である．この準備の途中でめんどうになって放り出すようなことのないように，なぜこのような準備が必要なのかを理解しておくことが大切であろう．そこでまず，"図形"や"連続な変形"を素朴な理解のままにしておいて先へ進もうとすると，どのような混乱が生じるかを見てみよう．

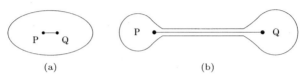

図 1.7　図形の一部を細長く引き伸ばす変形

(1) 連続な変形とは何か

　図形とは何だろうか．素朴なイメージでは，図形とは，たとえば白い紙の上に黒いインクで描いた"模様"である．だから，その黒インクののっている点の集合（これは平面全体の一つの部分集合である）を図形とみなせばよいだろう．すなわち平面全体の任意の部分集合 X を図形とよぶと定義すればよいようにみえる．

　では，図形に連続な変形を施すとは何のことだろうか．直観的には，どこまでもよく伸びる理想的なゴム膜に図形が描かれていて，その膜をはさみで切ったりのりでくっつけたりすることなく，やさしく伸ばしたり縮めたりするとき図形が受ける変形のことであると考えることができる．しかし，このように，「ゴム膜」や「はさみ」や「のり」などの物理的な「もの」を使った説明では，数学の定義にはならない．そのような「もの」を借りないで，純粋に数学の言葉で定義するためにはどうしたらよいであろうか．

　たとえば「距離の近い 2 点は，変形後も距離が近いという性質が保たれる変形を連続変形という」と定義してもうまくいかない．なぜなら，図 1.7 (a) の図形を図 1.7 (b) へ変形させるように，ゴム膜の一部分を非常に長く引き伸ばす変形も連続変形の中に入れたいのに，上の定義では入らなくなるからである．

　また「隣り合うという関係が保たれる変形を連続変形という」と言いたくなるかもしれないが，図形の中の点と点が互いに隣り合うとはどういうことかがはっきりしていないから，これも無理がある．

　では「図形の中を通って描いた自分自身と交わらない任意の曲線が，変形後もそのような 1 本の曲線のままに保たれる変形を連続変形という」という定義はどうだろうか．これは，もう少しましなように見える．図 1.7 のようにゴム膜を長く引き伸ばすとき，そこに描かれた曲線も一緒に引き伸ばされてつながったままであろう．一方，ゴム膜をはさみで切ると，その切り口を横切っていた

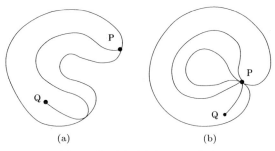

図 1.8 離れた部分をくっつける変形

曲線は，そこで二つに切断される．また，図 1.8 (a) を図 1.8 (b) へ変形させるように，ゴム膜の離れていた部分をのりでくっつけると，そこに描かれていた曲線が自分自身と交差する．だから，これなら連続な変形がうまく定義できているように見えるかもしれない．

しかし，この定義にも不備がある．なぜなら，「1 本の曲線」とは何かがはっきりしないからである．白い紙にペンで「1 本の曲線」を描くことは簡単にできるが，これを数学的に定義するのはやさしいことではない．紙にペンで描いた線の幅を 0 に近づけた極限というのが「1 本の曲線」の直観的イメージであるが，それを点の集合とみなしたとき，それらの点が隙間なくしかも幅 0 でつながっているという状態を，数学の言葉でどのように特徴づけたらよいのであろうか．

皆さんの中には，そんなうるさいことは言わないで，「1 本の曲線」は直観的に思い浮かべるままのイメージでとらえて，話を先へ進めてもよいではないかと抗議される方もいるかもしれない．そんな人には，次の状況を考えてほしい．

xy 座標系の固定された平面上に，原点を中心とする半径 1 の円を考え，その円の内部の点のうち，x 座標と y 座標がともに有理数（すなわち，整数を分子と分母にもつ分数）であるもの全体がなす集合を X とし，この X を図形とみなそう．この図形 X の中に「1 本の曲線」を引けるであろうか．たとえば点 $(1/2, 1/2)$ と点 $(1/3, 1/3)$ はともに X に属すが，X の中を通ってこの 2 点を結ぶ「1 本の曲線」は引けない．なぜなら $1/3 < 1/\sqrt{5} < 1/2$ だからこの曲線は x 座標が $1/\sqrt{5}$ となる点を通過するはずであるが，そのような点は X には含まれないからである．同様に，X の中のどの 2 点を曲線でつなごうとしても，

座標値が有理数では表せない点を通過しなければならないから，X の中だけを通ってそのような曲線は引けない．このような X に対して，連続な変形というものをどう考えたらよいのだろうか．

このように見てくると，「連続とは何か」，「つながっているとはどういうことか」という問いに行き着く．これをはっきりさせなければ，連続な変形で変わらない図形の性質を論じることはできない．

「連続」という概念は，数学の中で最も重要なものの一つである．しかし一筋縄では手に負えない相手で，直観に訴えてつかまえようとしても指の間をすり抜けてしまう．このような手ごわい相手をつかまえるためには，それなりの道具がいる．その道具とは，有名な「エプシロン・デルタ論法」である．

"有名な"というよりむしろ"悪名高い"と言った方がよいかもしれない．なにしろ大学の 1, 2 年生で数学が嫌いになる最大の理由が，この「エプシロン・デルタ論法」のところでわからなくなることだそうである．ここをスムーズに乗り越えられるかどうかが，トポロジーを学ぶうえでも最初の関門である．以下では「距離」を使って「近傍」を定義し，「近傍」を使って「開集合」を定義し，「開集合」を使って「連続性」を定義する．この道筋を，今まで見てきた素朴な検討と比較してほしい．そしてこれが「連続」という手ごわい相手をうまくとらえることのできる強力な論法であることを味わってほしい．

(2) 距離・近傍・開集合

実数全体がなす集合を $\mathbf{R}$ で表し，n 次元ユークリッド空間を $\mathbf{R}^n$ で表す．したがって，$\mathbf{R}^1 (= \mathbf{R})$ は直線，$\mathbf{R}^2$ は平面，$\mathbf{R}^3$ は 3 次元空間を表す．

<u>念のために</u>　二つの集合 A, B に対して，A の要素 a と B の要素 b の列 (a, b) 全体がなす集合を $A \times B$ と書く．$\mathbf{R}^n$ という記号は，この記法の延長である．すなわち，$\mathbf{R}^n$ は $\overbrace{\mathbf{R} \times \mathbf{R} \times \cdots \times \mathbf{R}}^{n}$ のことであり，実数を n 個並べた列 $(x_1, x_2, \cdots, x_n)$ 全体がなす集合を表す．$(x_1, x_2, \cdots, x_n)$ は n 次元空間の点の座標とみなせるから，n 次元ユークリッド空間のことも $\mathbf{R}^n$ で表すのである．

$\mathbf{R}^n$ 内の 2 点 $\mathrm{P} = (x_1, x_2, \cdots, x_n)$, $\mathrm{Q} = (y_1, y_2, \cdots, y_n)$ に対して

$$D(\mathrm{P},\mathrm{Q}) = \sqrt{(x_1 - y_1)^2 + (x_2 - y_2)^2 + \cdots + (x_n - y_n)^2} \qquad (1.1)$$

を P と Q のユークリッド距離 (Euclidean distance または Euclidean metric) という.

性質 1.1 ユークリッド距離 D は次の (i), (ii), (iii), (iv) を満たす.

(i) [非負性] 任意の $\mathrm{P},\mathrm{Q} \in \mathbf{R}^n$ に対して $D(\mathrm{P},\mathrm{Q}) \geq 0$.

(ii) [対称性] 任意の $\mathrm{P},\mathrm{Q} \in \mathbf{R}^n$ に対して $D(\mathrm{P},\mathrm{Q}) = D(\mathrm{Q},\mathrm{P})$.

(iii) $D(\mathrm{P},\mathrm{Q}) = 0$ となるのは, $\mathrm{P} = \mathrm{Q}$ のときかつそのときのみである.

(iv) [三角不等式] 任意の $\mathrm{P},\mathrm{Q},\mathrm{R} \in \mathbf{R}^n$ に対して $D(\mathrm{P},\mathrm{Q}) + D(\mathrm{Q},\mathrm{R}) \geq D(\mathrm{P},\mathrm{R})$. ∎

これらの性質のうち (i), (ii), (iii) はユークリッド距離の定義からただちにわかる. (iv) は「三角形 PQR の一辺 PR の長さは, 他の 2 辺 PQ と QR の長さの和より大きくない」ことを表しており, 2 次元, 3 次元では私たちになじみの深い事実である.

$\mathbf{R}^n$ の任意の部分集合 X と, X の中の任意の 2 点間に定義されているユークリッド距離 D との対 (X, D) を, **距離空間** (metric space) という.

たとえば $\mathbf{R}^n$ において 1 点 P から等しい距離 r にある点全体がなす集合

$$X = \{\mathrm{Q} \in \mathbf{R}^n \mid D(\mathrm{P},\mathrm{Q}) = r\} \qquad (1.2)$$

に対して, (X, D) は距離空間である. この距離空間は, **$n-1$ 次元球面**とよばれる. 1 次元球面とは円のことであり, 2 次元球面とは, 3 次元空間に置かれた通常の球の表面のことである.

<u>念のために</u> たとえば円を距離空間 (X, D) とみなすとき, 2 点 $\mathrm{P}, \mathrm{Q} \in X$ の距離 $D(\mathrm{P},\mathrm{Q})$ はあくまでも $\mathbf{R}^2$ におけるユークリッド距離である. X の内部を通って測った最短路の道のり——P と Q をつなぐ円弧の長さ——などではないことに注意してほしい. 着目する図形は $\mathbf{R}^2$ の部分集合 X であるが, 距離 D は $\mathbf{R}^2$ における最短路の長さである. ∎

距離空間 (X, D) における任意の点 $\mathrm{P} \in X$ と任意の正の実数 ε に対

し，$D(\mathrm{P},\mathrm{Q}) < \varepsilon$ を満たす点 $\mathrm{Q} \in X$ 全体がなす集合を，P の ε 近傍 (ε-neighborhood) といい $N(\mathrm{P},\varepsilon)$ で表す．すなわち

$$N(\mathrm{P},\varepsilon) = \{\mathrm{Q} \in X \mid D(\mathrm{P},\mathrm{Q}) < \varepsilon\} \tag{1.3}$$

である．

距離空間 $(\mathbf{R}, D)$ における点 P の ε 近傍は，図 1.9 (a) に示すように，P を中心とする幅 2ε の開区間である（図中の白丸は，その点が着目する部分集合には含まれないことを表す）．

距離空間 $(\mathbf{R}^2, D)$ における点 P の ε 近傍は，図 1.9 (b) に示すように，点 P を中心とする半径 ε の円の内部である（この図の破線は，境界の円周は集合 $N(\mathrm{P},\varepsilon)$ には含まれないことを表す）．距離空間 $(\mathbf{R}^3, D)$ における点 P の ε 近傍は，点 P を中心とする半径 ε の球の内部である．

X を半径 r の円とするとき，点 $\mathrm{P} \in X$ の ε 近傍は，$\varepsilon \leq 2r$ のときは，図 1.10 に示すように両端を含まない円弧となり，$\varepsilon > 2r$ のときは円 X 全体と一

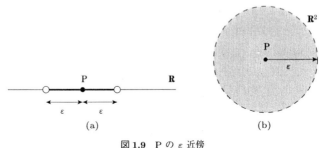

図 1.9　P の ε 近傍

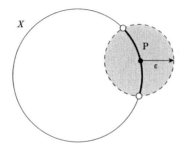

図 1.10　円における ε 近傍

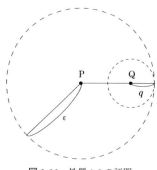

図 1.11 性質 1.2 の証明

致する.

X を図形とし,$U \subset X$ とする.任意の点 $P \in U$ に対して,$N(P, \varepsilon) \subset U$ を満たす ε が存在するとき,U を**開集合** (open set) という.

性質 1.2 (X, D) が距離空間で,ε が任意の正の定数のとき,任意の $P \in X$ の ε 近傍 $N(P, \varepsilon)$ は開集合である.

証明 図 1.11 に示すように,Q を $N(P, \varepsilon)$ 内の任意の点とする.$q = \varepsilon - D(P, Q)$ とおく.Q の q 近傍 $N(Q, q)$ は $N(P, \varepsilon)$ に含まれる.なぜなら,任意の点 $R \in N(Q, q)$ に対して,

$$D(P, R) \leq D(P, Q) + D(Q, R) < D(P, Q) + q = D(P, Q) + \varepsilon - D(P, Q) = \varepsilon$$

が成り立つからである.この式の最初の不等式は三角不等式より得られ,第 2 の不等式は R が Q の q 近傍に含まれることから得られ,その次の等式は q の定義から得られる.このように,任意の点 $Q \in N(P, \varepsilon)$ において,$N(P, \varepsilon)$ に含まれる近傍 $N(Q, q)$ が存在するから,$N(P, \varepsilon)$ は開集合である. ∎

性質 1.3 (X, D) を距離空間とする.このとき次の (i), (ii), (iii) が成り立つ.

(i) X と $\emptyset$ は開集合である.
(ii) 二つの開集合の積集合は開集合である.
(iii) 任意個の開集合の和集合は開集合である.

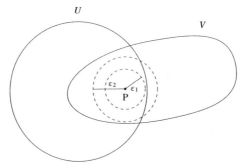

図 1.12 性質 1.3 の証明

証明 (i) 任意の $P \in X$ に対して，$N(P, \varepsilon) \subset X$ であるから X は開集合である．$\emptyset$ は点を含まないから開集合の条件は無条件で成り立ち，したがって $\emptyset$ も開集合である．

(ii) $U, V \subset X$ を開集合とし，$P \in U \cap V$ とする．U は開集合だから，図 1.12 に示すように，$N(P, \varepsilon_1) \subset U$ となる ε_1 が存在する．同様に V も開集合であるから，$N(P, \varepsilon_2) \subset V$ となる ε_2 が存在する．$\varepsilon = \min(\varepsilon_1, \varepsilon_2)$ とおくと $N(P, \varepsilon) \subset U \cap V$ だから，$U \cap V$ は開集合である．

(iii) $\{U_i\}$, $i \in I$ を開集合の族とする．$P \in \bigcup_{i \in I} U_i$ とする．$P \in U_i$ となる i が存在する．U_i は開集合だから，$N(P, \varepsilon) \subset U_i$ となる ε が存在する．ゆえに

$$N(P, \varepsilon) \subset \bigcup_{i \in I} U_i$$

が成り立ち，したがって $\bigcup_{i \in I} U_i$ は開集合である． ∎

念のために　二つの開集合の和集合は開集合だから，それと第 3 の開集合との和集合をとったものも開集合である．これをくり返すと任意の有限個の開集合の和集合が開集合であることがわかる．このことを考えると，性質 1.3 の (ii) では「二つの開集合」という表現をとり，(iii) では「任意個の開集合」という表現をとっていることが奇妙に感じられるかもしれない．しかし，実はこの二つの表現には決定的な差がある．なぜなら後者の「任意個」という表現は「無限個」も含むからである．実際，(ii) の「二つの」を「任意個の」に置き換えるわけにはいかない．なぜなら，無限個の開集合の積集合は必ずしも開集合とは

限らないからである．たとえば点 P の ε 近傍 $N(\mathrm{P}, \varepsilon)$ の，すべての正の実数 ε にわたる積集合

$$\bigcap_{\varepsilon \in \mathbf{R}, \varepsilon > 0} N(\mathrm{P}, \varepsilon)$$

は 1 点 P のみからなる集合であり，これは開集合ではない．したがって (ii) の「二つの」と (iii) の「任意個の」の間には，本質的な差があるのである．■

以上で道具は揃った．いよいよ，「連続性」と「位相同型」について論じることができる．

(3) 連続性

X と Y を二つの集合とする．f を X から Y への写像とする．このことを $f: X \to Y$ で表す．任意の $\mathrm{P}, \mathrm{Q} \in X$ に対して $f(\mathrm{P}) = f(\mathrm{Q})$ なら $\mathrm{P} = \mathrm{Q}$ を満たすとき，f を**単射** (injection) という．任意の $\mathrm{Q} \in Y$ に対して $f(\mathrm{P}) = \mathrm{Q}$ となる $\mathrm{P} \in X$ が存在するとき，f を**全射** (surjection) という．f が単射でかつ全射のとき，f を**全単射**または**双射** (bijection) という．全単射とは，X の要素と Y の要素の間にもれなく 1 対 1 の対応を定めるものである．

写像 f は X の要素に Y の要素を対応させるものであるが，これを延長して，X の部分集合に Y の部分集合を対応させているとみなすこともできる．すなわち $U \subset X$ に対して，U の要素の対応相手をすべて集めて

$$f(U) = \{f(\mathrm{P}) \mid \mathrm{P} \in U\}$$

と書くことにする．

この記号法を使うと，f と逆向きの対応も考えることができる．任意の $V \subset Y$ に対して $f^{-1}(V)$ を

$$f^{-1}(V) = \{\mathrm{P} \in X \mid f(\mathrm{P}) \in V\}$$

と定義する．すなわち $f^{-1}(V)$ とは，f によって V の中へ移される X の要素 P の全体がなす集合である．

(X, D) と (Y, D) を二つの距離空間とし，f を X から Y への写像とする．また P を X の点とする．任意の正の実数 ε に対して

$$Q \in N(P, \delta) \quad \text{ならば} \quad f(Q) \in N(f(P), \varepsilon)$$
$$[\text{言いかえると} \quad f(N(P, \delta)) \subset N(f(P), \varepsilon)]$$

を満たす正の実数 δ が存在するとき，f は点 P において**連続** (continuous) であるという．すべての点 $P \in X$ において f が連続のとき，f は連続であるという．

X と Y がともに $\mathbf{R}$ のときの写像の例を図 1.13 に示す．(a) は連続な写像の例である．この図のように，Y における $f(P)$ の任意の ε 近傍 $U = N(f(P), \varepsilon)$ に対して，十分小さな δ をとると，X における P の近傍 $N(P, \delta)$ を f で移したもの $f(N(P, \delta))$ は U に含まれる．したがって，この写像は連続である．

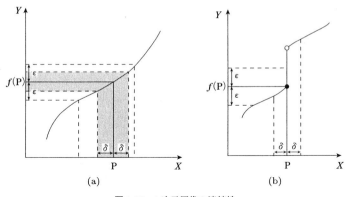

図 1.13 1 次元写像の連続性

一方図 1.13 (b) においては，点 P において写像 f は不連続である．実際，図のように小さな ε をとると，$f(P)$ の ε 近傍 $U = N(f(P), \varepsilon)$ に対して，どれほど小さな $\delta > 0$ を選んでも，P の δ 近傍 $N(P, \delta)$ を f で移したもの $f(N(P, \delta))$ は U からはみ出す．したがって，f は P において連続ではない．

次に，X と Y が 2 次元平面 $\mathbf{R}^2$ の部分集合の場合を考えてみよう．図 1.14 (a) に示すようにゴム膜でできた円板を X とする．この円板内の 1 点 P を通る線分に沿ってナイフで切れ目を入れて，(b) に示すように，切り口に沿ってすき

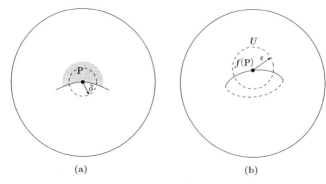

図 1.14 ゴム膜をナイフで切り裂く操作

間を作ったとしよう．ただし，この切り口の曲線の上の点は，(b) の実線側に属すものとし，(b) の破線は，その上の点を含まないことを表す．このとき，(b) に示すように，P からすき間の対岸までの距離より小さい ε に対しては，Y における $f(\mathrm{P})$ の ε 近傍 $U = N(f(\mathrm{P}), \varepsilon)$ は，f^{-1} で X にもどすと，(a) の灰色領域で示すように切り口の片側の領域となる．したがって，どれほど小さな $\delta > 0$ をとっても，P の δ 近傍 $N(\mathrm{P}, \delta)$ は $f^{-1}(U)$ からはみ出してしまう．したがって，ゴム膜に切り口を入れる操作に対応する写像 f は連続ではない．

　写像 f が連続であるとは，素朴に言うと，「X 内の近い 2 点は，Y 内のやはり近い 2 点へ移る」ということである．しかし，「近い」ということを「1cm 以内」や「1mm 以内」のように具体的な数値で指定するわけにはいかない．このことは図 1.7 でも見たとおりである．そこで考え出されたのが，ε と δ という二つの変数を用意して，移る前と移った後の近さを競争させる「エプシロン・デルタ論法」である．この論法では，まず Y の中に近さの基準 ε を一つ定め，f で移されたあとにこの基準 ε 以内に入るような，もとの X における近さの基準 δ を作ろうとする．そのような δ が作れるなら，ε をもっと小さくして条件を強めた上で δ を探す．どんなに ε を小さくしてもこれに応じて δ が作れるなら，δ が競争に勝ったことになり，そのような f は連続である．一方，あるきびしい ε に対して δ が作れなくなったら，そのときは ε が競争に勝ったことになり，f は連続ではないと判定される．このように近さの基準をあらかじめある数値に固定するのではなく，場面に応じてその値を変えながら，f で

1.2 位相空間と位相同型

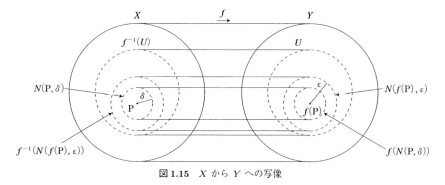

図 1.15　X から Y への写像

移す前と移した後の近さを競争させてみることによって，初めて"連続性"という概念をしっかりとらえることができたのである．

連続性の定義には「近傍」を用いたが，次に「近傍」のかわりに「開集合」を用いても連続性が特徴づけられることを見てみよう．

性質 1.4　$(X, D), (Y, D)$ を二つの距離空間とし，f を X から Y への写像とする．f が連続であるための必要十分条件は，任意の開集合 $U \subset Y$ に対して，$f^{-1}(U)$ が開集合となることである．

証明　(i) f が連続であると仮定する．$U \subset Y$ を任意の開集合とする．図 1.15 に示すように，P を $f^{-1}(U)$ の任意の点とする．U は開集合だから，$N(f(\mathrm{P}), \varepsilon) \subset U$ となる ε が存在する．一方，f は連続だから，

$$f(N(\mathrm{P}, \delta)) \subset N(f(\mathrm{P}), \varepsilon) \subset U$$

となる δ がある．したがって，$N(\mathrm{P}, \delta) \subset f^{-1}(U)$ である．以上から，任意の $\mathrm{P} \in f^{-1}(U)$ に対して $N(\mathrm{P}, \delta) \subset f^{-1}(U)$ を満たす δ が見つかったから，$f^{-1}(U)$ は開集合である．

(ii) 逆に，$U \subset Y$ が開集合なら $f^{-1}(U)$ も開集合であると仮定する．$N(f(\mathrm{P}), \varepsilon)$ は Y の開集合である．したがって，$f^{-1}(N(f(\mathrm{P}), \varepsilon))$ は X の開集合である．ゆえに，$\delta > 0$ が存在して

$$N(\mathrm{P}, \delta) \subset f^{-1}(N(f(\mathrm{P}), \varepsilon))$$

である．この δ に関して

$$f(N(\mathrm{P},\delta)) \subset N(f(\mathrm{P}),\varepsilon)$$

である．したがって f は連続である． ∎

これからただちに次の性質も導ける．

性質 1.5 $(X,D),(Y,D'),(Z,D'')$ を距離空間とする．二つの連続写像 $f: X \to Y, g: Y \to Z$ の合成写像 $g \circ f: X \to Z$ も連続である．

証明 Z 内の任意の開集合 U に対して，g は連続だから $g^{-1}(U)$ は Y の開集合であり，さらに f も連続だから $f^{-1}(g^{-1}(U))$ は X の開集合である．すなわち $(g \circ f)^{-1}(U) = f^{-1}(g^{-1}(U))$ は X における開集合である．したがって，性質1.4より $g \circ f$ は連続写像である． ∎

性質1.4から，X と Y の開集合の族が与えられていれば，f の連続性は「エプシロン・デルタ論法」を使わなくても調べられることがわかる．そこで，次に，この開集合をもっと前面に出して議論を進めよう．

(4) 位相空間と位相同型

(X,D) を距離空間とし，X のすべての開集合の族を τ とする．このとき，集合 X と開集合族 τ の対 (X,τ) を**位相空間** (topological space) という．そしてこれからは，この位相空間を，私たちが素朴な言葉で「図形」とよんでいるものの数学的表現であるとみなす．

念のために　距離空間 (X,D) が与えられると，それから ε 近傍が決まり，その ε 近傍から開集合が決まるのだから，(X,D) が与えられると (X,τ) は一義的に決まる．したがって，わざわざ位相空間 (X,τ) などと言わなくても，もとの距離空間 (X,D) 自身を図形だと思えばよいのではないかと抗議されそうである．しかし，位相空間という言葉をここで導入したのには理由がある．第1に，距離にはユークリッド距離以外にもいろいろなものがあり，別の距離から出発しても同じような議論ができる．ところが異なる距離から出発しても，得

られる開集合族が一致することがある（たとえば演習問題 1.4 を参照）．したがって，一致するものには同じ表現を用いる方が望ましい．また第 2 に，(本書では扱わないが）関数全体がなす空間などの，私たちの住む 3 次元空間の延長とは全く別の抽象的な空間もトポロジーの対象となり得る．そのような空間では必ずしも距離という概念は定義されない．しかし，距離がなくても開集合が定義できれば議論が出発できる．その意味で位相空間こそ，トポロジーを論じるための出発点であり，実は距離は，この出発点を作り出すための一つの例に過ぎないのである． ∎

(X, τ) と (Y, τ') を二つの位相空間とし，f を X から Y への写像とする．f が全単射で，かつ f と f^{-1} がともに連続であるとき，f を**同相写像** (homeomorphism) または**位相同型写像**という．X から Y への同相写像が存在するとき，(X, τ) と (Y, τ') は**同相** (homeomorphic) である，あるいは**位相同型**であるという．

ゴム膜にナイフで切れ目を入れる操作に対応する写像 f が連続でないことは上で見た．逆にゴム膜の離れている部分をのりでくっつける操作に対応する写像 f に対しては，f^{-1} が連続ではない．たとえば，図 1.16 (a) のゴム膜を (b) のようにくっつけたとしよう．この場合には，f^{-1} が，くっつけたところをナイフで切り裂く操作に対応するから，f^{-1} が連続ではなくなる．したがって，離れたところをくっつけるという変形に対応する写像は，同相写像ではない．

以上で，トポロジーを論じる準備ができた．すなわち，私たちが素朴な言葉

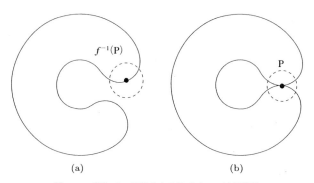

図 1.16　離れている部分をのりでくっつける操作

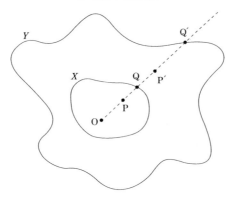

図 1.17 二つの星状形の間の位相同型写像

で「図形」とよんでいたものを「位相空間」という概念で明確化できたし，素朴な言葉で「図形 X と図形 Y は互いに連続な変形で移り得る」と表現していたことは，「位相空間 (X,τ) と位相空間 (Y,τ') は同相である」という表現で明確化できた．

例 1.1 $\mathbf{R}^2$ の部分集合 X が次の (i), (ii) を満たすとき，X は原点 O に関して**星状** (star-shaped) であるという．

(i) X は O を含む．
(ii) O から任意の方向へ伸ばした半直線は X の境界とただ 1 点で交わる．

$X, Y \subset \mathbf{R}^2$ が O に関して星状であるとする．図 1.17 に示すように，O とは異なる任意の点 $\mathrm{P} \in X$ に対して，O から P の方向へ伸ばした半直線が X の境界と交わる点を Q とし，Y の境界と交わる点を Q$'$ とする．また，この半直線上に

$$\frac{D(\mathrm{O},\mathrm{P})}{D(\mathrm{O},\mathrm{Q})} = \frac{D(\mathrm{O},\mathrm{P}')}{D(\mathrm{O},\mathrm{Q}')}$$

を満たす点 P$'$ をとり，$f(\mathrm{P}) = \mathrm{P}'$ とおく．さらに $f(\mathrm{O}) = \mathrm{O}$ とおく．このとき，f は全単射で，f も f^{-1} もともに連続である．したがって f は同相写像であり，X と Y は位相同型である．

例 1.2 $\mathbf{R}^2$ において，原点 O を中心とする半径 r の円の内部を X とおく：

$$X = \{\mathrm{P} \in \mathbf{R}^2 \mid D(\mathrm{O}, \mathrm{P}) < r\}.$$

また，この円を x 軸方向に $1/2$ に縮めて得られる楕円を Y とおく：

$$Y = \left\{ \left(\frac{x}{2}, y\right) \mid (x, y) \in X \right\}.$$

$\mathrm{P} = (x, y) \in X$ に対して $f(\mathrm{P}) = (x/2, y)$ とおくと，f は同相写像となる．

次に X 内の点で，x 座標と y 座標がともに有理数となる点の集合を X' とする．同様に Y 内の点で，x 座標と y 座標がともに有理数となる点の集合を Y' とする．そして，任意の点 $\mathrm{P} = (x, y) \in X'$ に対して $g(\mathrm{P}) = (x/2, y)$ とおく．g は X' から Y' への全単射である．さらに，Y' における点 P の ε 近傍 $N(\mathrm{P}, \varepsilon)$ に対して，$g^{-1}(N(\mathrm{P}, \varepsilon))$ が X' の開集合であることが示せる．したがって g は同相写像である． ∎

私たちは，「連続な変形で互いに移り合う図形」という素朴な直観に対する数学的な表現を探した結果，「位相同型」という概念にたどり着いた．しかし，この概念は，もとの素朴な直観と完全に一致するわけではないことは，注意しておいた方がよいであろう．なぜなら，二つの図形が位相同型であっても，それらは，必ずしも連続な変形で互いに移り合えるとは限らないからである．位相同型ではあるが，連続な変形では移り合えない図形の例を図 1.18 に示す．この図の (a) は二つの四角形の枠が互いに相手を貫通しあっているが，これを位相空間 (X, τ) とみなそう．一方これと同じ二つの四角形の枠が同図の (b) のよう

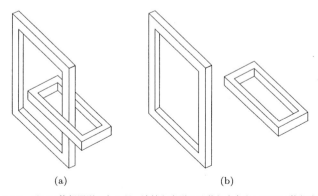

図 1.18 互いに位相同型であるが，連続な変形では移り合えない二つの位相空間

に互いに離れている状態を位相空間 (Y, τ') とおく．この二つの位相空間は位相同型であるが，四角形の枠の一部を壊さなければ一方から他方へは移せない．

「連続な変形」という素朴な表現は，図形を構成するおのおのの点の変形前と変形後の対応を直観的に表そうとしたものである．一方，数学では，その対応を写像という概念で表す．この時点ですでに変形という途中の過程は無視され，最初と最後の図形の間の対応のみが考察の対象となっているのである．

> 念のために　図 1.18 の (a) と (b) の状態が位相同型なら，ひもで作った二つの輪が互いに絡んだ状態と離れた状態も同じように位相同型だから，輪の絡み具合をトポロジーで論じることはできそうにないと思われるかもしれない．でもその心配はない．これらの二つの輪に着目するかわりに，3次元空間からこれらの輪を除いた残りの部分に着目すれば，図 1.18 の (a) と (b) は位相同型ではない．したがって，それらの状態を区別することができる．実際，そのような観点から得られる理論が，結び目の理論や組み紐の理論である．

(5) 位相不変量

任意の位相空間 (X, τ) に対して，その一つの特徴を $\kappa(X, \tau)$ とおこう．$\kappa(X, \tau)$ は，(X, τ) から定まるある数値でもよいし，集合でもよいし，あるいはもっと複雑な何らかの構造でもよい．κ が，「二つの位相空間 (X, τ) と (Y, τ') が位相同型なら，$\kappa(X, \tau) = \kappa(Y, \tau')$ となる」という性質を満たすとき，κ を**位相不変量** (topological invariance) という．

> 念のために　「位相不変量」とは言っても，通常の意味での「量」——すなわち一つの数値——であるとは限らない．集合やもっと複雑な構造など，量とは別のものでもよい．実際に，本書で扱う主な位相不変量は，「群」とよばれる代数構造である．

トポロジーとは，素朴な言葉で言えば「連続な変形を施しても変わらない図形の性質」を調べることであった．私たちは今，「連続な変形」で互いに移り得る図形を「位相同型」という概念でとらえることにしたのである．したがってトポロジーとは，数学の言葉で言えば「位相同型な図形が共通にもつ性質」を調

べることである．したがって，位相不変量こそ，トポロジーの研究対象である．

位相不変量 κ^* が，「(X,τ) と (Y,τ') が位相同型でなければ $\kappa^*(X,\tau) \neq \kappa^*(Y,\tau')$ である」という性質を満たすとき，**完全位相不変量** (perfect topological invariance) という．完全位相不変量は理想的な位相不変量である．なぜなら，このような κ^* が一つ見つかれば，$\kappa^*(X,\tau) = \kappa^*(Y,\tau')$ かどうかを調べることによって，二つの位相空間 (X,τ) と (Y,τ') が位相同型か否かを完全に決定できるからである．

しかし，残念ながら，そのような完全位相不変量は見つかっていない．だから，ある位相不変量に着目したとき，二つの位相空間 $(X,\tau),(Y,\tau')$ の位相不変量に違いがあれば，それらは位相同型ではないとわかるが，位相不変量が等しくても，それらが位相同型とは限らないのである．したがって，強力な位相不変量をできるだけたくさんほしい．このような事情であるから，トポロジーでは種々の位相不変量が考察の対象となる．中でも重要なものが，ホモトピーとホモロジーである．次に，これらを順に見ていくことにする．

演習問題

1.1 $P_i \in \mathbf{R}^2$ の座標を (x_i, y_i) とする．$D_1(P_i, P_j)$ を
$$D_1(P_i, P_j) = |x_i - x_j| + |y_i - y_j|$$
と定義する．このとき D_1 は性質 1.1 の (i), (ii), (iii), (iv) を満たすことを証明せよ．($D_1(P_i, P_j)$ は，x 軸または y 軸に平行な道だけをたどって P_i から P_j へ行く最短経路の長さを表す．これは碁盤の目のように東西と南北に走る道で整然と作られた町での道のりに相当する．そのような町の代表例であるニューヨークのマンハッタン地区になぞらえて，D_1 は**マンハッタン距離** (Manhattan distance) とよばれることがある．)

1.2 $P_i \in \mathbf{R}^2$ の座標を (x_i, y_i) とする．$D_\infty(P_i, P_j)$ を
$$D_\infty(P_i, P_j) = \max\{|x_i - x_j|, |y_i - y_j|\}$$
と定義する．このとき D_∞ は性質 1.1 の (i), (ii), (iii), (iv) を満たすことを証明せよ．($D_\infty(P_i, P_j)$ は，2点 P_i, P_j の x 座標の差と y 座標の差の大

きい方を表す．これは，たとえば鉄板に穴を開けるための工作機械において，鉄板を x 軸方向と y 軸方向に二つのモータで独立に移動させて，工具の位置を P_i から P_j へ移すときの移動時間に相当する．）

1.3 演習問題 1.1, 1.2 における二つの距離 D_1, D_∞ に対する P の ε 近傍の具体的な形状を示せ．

1.4 演習問題 1.1 で定義した D_1 距離に関する ε 近傍——これを $N_1(\mathrm{P}, \varepsilon)$ で表す——が，ユークリッド距離に関する開集合であることを示せ．また，逆に，ユークリッド距離に関する ε 近傍が D_1 距離に関する開集合であることを示せ．(これら二つの性質から，D_1 距離に関する開集合族とユークリッド距離に関する開集合族とは一致する．）

1.5 距離空間 $(\mathbf{R}^2, D)$ における任意の点 $\mathrm{P} \in \mathbf{R}^2$ に対して，P のみからなる集合 $\{\mathrm{P}\}$ は開集合ではない．これを示せ．

2

ホモトピー

　この章では，重要な位相不変量の一つであるホモトピーについて学ぶ．これは，位相空間 (X, τ) の中に埋め込まれた閉曲線の中で，X 内の連続な変形で互いに移り合えないものの種類を数え上げ，それに基づいて位相空間の構造を調べるものである．ただし，本質的に異なる曲線の種類は，一般に無限個ある．したがって，"数え上げる"と言っても，ただ単純に数を数えるわけではない．異なる閉曲線の関係を，"群"とよばれる代数構造でとらえ，その代数構造を位相不変量とみなすのである．したがって，ここでは"群"についても学習することになる．

2.1 ホモトープ

閉区間 $[0, 1]$ を I で表す．

　定義 2.1 (道)　(X, τ) を位相空間とする．I から X への連続写像 c を X 内の**道** (path) という．$c(0)$ をこの道の**始点** (start point)，$c(1)$ を**終点** (end point) という．■

　c を I から X への写像とすると，図 2.1 (a) に示すように，変数 t が区間 I を動くとき，$c(t)$ は X 内を動く．c が連続ならば，同図の (b) のように，$c(t)$ は切れ目のない一つの軌跡を描く．一方，c が連続でなければ，同図 (c) に示すように，$c(t)$ の軌跡は不連続となる．したがって，c が連続なとき，c を曲線とよぶことが納得できるであろう．

　| 念のために |　曲線 c は，その定義から，自分自身と交差する軌跡を描いても

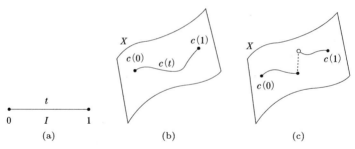

図 2.1 写像によって定義される曲線

構わない．すなわち，異なる t と t' $(0 \leq t, t' \leq 1)$ に対して，$c(t) = c(t')$ であってもよい． ∎

定義 2.2 (連結)　位相空間 (X, τ) 内の任意の 2 点 P, Q に対して，$c(0) =$ P, $c(1) = $ Q となる道があるとき，(X, τ) は**連結** (connected) であるという． ∎

連結性は位相不変な性質である．このことは次のようにして理解できる．$(X, \tau), (Y, \tau')$ を二つの位相空間とし，写像 $f : X \to Y$ が同相写像であるとしよう．今，(X, τ) が連結であるとする．$c : I \to X$ を X 内の任意の道とする．f も c も連続だから，合成写像 $f \circ c : I \to Y$ も連続である．今，P, Q $\in Y$ とする．X が連結なら，$f^{-1}(\mathrm{P})$ と $f^{-1}(\mathrm{Q})$ を結ぶ道 $c : I \to X$ が存在し，そのときには $f \circ c : I \to Y$ は $f \circ c(0) = f(f^{-1}(\mathrm{P})) = $ P と $f \circ c(1) = f(f^{-1}(\mathrm{Q})) = $ Q を結ぶ道となる．したがって X が連結なら Y も連結である．

同様の議論によって，Y が連結なら X も連結であることが示せる．したがって，連結性は位相不変な性質である．

次に，X 内の二つの道 c_1, c_2 に対して，c_1 を c_2 へ連続に変形するという操作を次のように表す．F を $I \times I$ から X への写像とする．すなわち，$s, t \in I$ に対して，X 内の点 $F(s, t)$ が対応するとする．このときさらに，$F(s, t)$ は s に関しても t に関しても連続であるとする．$s = 0$ に固定すると $F(0, t)$ は t のみの関数になるが，これを一つの道 $c_1 = F(0, t)$ とみなす．$s = 1$ に固定しても $F(1, t)$ は t のみの関数となるから，これももう一つの道 $c_2 = F(1, t)$ とみなす．同様に任意の $s \in I$ を固定すると，$F(s, t)$ は t のみの関数となり，

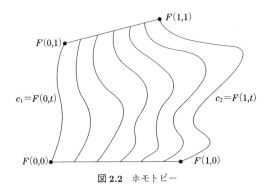

図 2.2 ホモトピー

したがって X 内の一つの道とみなすことができる．そして s が 0 から 1 まで連続に変わるとき，図 2.2 に示すように，道 $F(s,t)$ は $c_1 = F(0,t)$ から $c_2 = F(1,t)$ へ連続に変わる．したがって，$F(s,t)$ は，道 c_1 を道 c_2 へ移す連続変形を表しているとみなすことができる．$F(s,t)$ を，c_1 と c_2 の間の**ホモトピー** (homotopy) といい，このようなホモトピーをもつ二つの道 c_1, c_2 は互いに**ホモトープ** (homotope) であるという．c_1 と c_2 がホモトープであるとき，$c_1 \sim c_2$ と書く．

上で定義したホモトープという関係の性質を調べるために，一般に，ある集合 A の要素の間に関係 $\approx$ が定義されているとしよう．すなわち，任意の要素 $a, b \in A$ が与えられると，$a \approx b$ が成り立つか成り立たないかが定められているとする．このように，二つの要素の間に定義された関係は，**二項関係** (binary relation) とよばれる．このとき，互いに関係 $\approx$ で結ばれている要素は同じグループとみなし，結ばれていない要素は異なるグループとみなして，A の要素を矛盾なくグループに分割することができるであろうか．これは，一般にはできない．このグループ分けができるための条件は，次の概念で表現できる．

定義 2.3 (同値関係) 集合 A の要素の間の二項関係 $\approx$ は，次の (i), (ii), (iii) が満たされるとき，**同値関係** (equivalence relation) とよばれる．

(i) [反射則] 任意の $a \in A$ に対して，$a \approx a$ である．

(ii) [対称則] 任意の $a, b \in A$ に対して，$a \approx b$ ならば $b \approx a$ である．

(iii) [推移則] 任意の $a, b, c \in A$ に対して，$a \approx b$ かつ $b \approx c$ ならば $a \approx c$

である.

A の中の二項関係 $\approx$ が,同値関係であるとする.任意の $a \in A$ に対して,a とこの関係にある要素をすべて集めてできる集合を $[a]_{\approx}$ と表すことにする.$[a]_{\approx} \subset A$ である.このとき,$[a]_{\approx}$ の任意の二つの要素 a', a'' の間に $a' \approx a''$ が成り立つ.このことは,同値関係であるための条件 (iii) から導かれる.また $[a]_{\approx}$ に属す要素 a' と $[a]_{\approx}$ には属さない要素 b の間には,この関係はない.なぜなら $a' \approx b$ と仮定すると,同値関係であるための条件 (iii) に反するからである.さらに,$a \approx b$ ならば,$[a]_{\approx} = [b]_{\approx}$ であり,$a \approx b$ でなければ $[a]_{\approx} \cap [b]_{\approx} = \emptyset$ であることもわかる.

$[a]_{\approx}$ を,同値関係 $\approx$ による a の**同値類** (equivalence class) または**剰余類** (coset) という.A の任意の要素は,唯一の同値類に属す.したがって,A は同値類へ分割される.以下では,話題にしている同値関係 $\approx$ が明らかなときには,同値類 $[a]_{\approx}$ を,$[a]$ と略記することにする.

話を,ホモトープという関係にもどそう.

性質 2.1 ホモトープという関係 $\sim$ は同値関係である.

証明 ホモトープという関係 $\sim$ が同値関係の公理 (i), (ii), (iii) を満たすことを言えばよい.(i) 道 $c(t)$ に対して,$F(s,t) = c(t)$ とおく.このとき $F(s,t)$ は s の値に依存せず,常に $c(t)$ を表す.これは c と c の間のホモトピーであり,したがって $c \sim c$ である.(ii) $F(s,t)$ を,道 c_1 と c_2 の間のホモトピーとする.このとき $G(s,t) = F(1-s,t)$ とすると,$G(s,t)$ は c_2 と c_1 の間のホモトピーである.したがって $c_1 \sim c_2$ ならば $c_2 \sim c_1$ である.(iii) $F(s,t)$ を道 c_1 と道 c_2 の間のホモトピーとし,$G(s,t)$ を道 c_2 と道 c_3 の間のホモトピーとする.このとき $H(s,t)$ を次のように定義する:

$$H(s,t) = \begin{cases} F(2s,t) & (0 \leq s \leq \frac{1}{2} \text{ のとき}), \\ G(2s-1,t) & (\frac{1}{2} < s \leq 1 \text{ のとき}). \end{cases} \quad (2.1)$$

すなわち s が 0 から 1 まで変わる間に $F(s,t)$ と $G(s,t)$ がもたらす変化のスピードを倍にして,$0 \leq s \leq 1/2$ の間に $F(s,t)$ の変化をたどり,$1/2 < s \leq 1$ の間に $G(s,t)$ の変化をたどるようにしたものが $H(s,t)$ である.

このとき，$H(s,t)$ は c_1 と c_3 の間のホモトピーとなる．したがって，$c_1 \sim c_2$ かつ $c_2 \sim c_3$ ならば $c_1 \sim c_3$ である． ∎

以上で，位相空間 (X,τ) における二つの道 c_1, c_2 が互いに連続な変形で移り合えることを，ホモトープという関係に定式化できた．そして，そのホモトープが同値関係であることもわかった．次に，特に閉じた道に着目する．

道 $c: I \to X$ が，$c(0) = c(1)$ を満たすとき（すなわち，始点と終点が一致するとき），c を**ループ** (loop) という．$c(0)$ をこのループの**基点**という．

今，1点 $P \in X$ を固定し，P を基点とするループに着目しよう．そして，そのようなループのうち互いにホモトープなものは同じ種類であるとみなす．このとき，どのような種類のループがあるかを手がかりとして，その位相空間の構造を探ってみよう．

二つの位相空間 $(X,\tau), (Y,\tau')$ が位相同型なら，両者のループの種類も同じである．このことは，次のようにして理解できよう．$f: X \to Y$ を同相写像とする．任意の点 $P \in X$ を固定し，$Q = f(P)$ とおく．P を基点とするループ c_1, c_2 がホモトープであるとしよう．c_1 と c_2 の間のホモトピーを $F(s,t)$ とおく．$F(0,t) = c_1(t), F(1,t) = c_2(t)$ である．c_1 と c_2 を写像 f で Y へ移したもの $d_1 = f(c_1(t)), d_2 = f(c_2(t))$ は，Y における Q を基点とするループである．今，$G = f \circ F$ とおく．言いかえると写像 $G: I \times I \to Y$ を

$$G(s,t) = f(F(s,t)) \tag{2.2}$$

と決める．f と F は連続写像だから，G も連続写像である．さらに，$G(0,t) = f(F(0,t)) = f(c_1(t)) = d_1, G(1,t) = f(F(1,t)) = f(c_2(t)) = d_2$ だから，$G(s,t)$ は，Y におけるループ d_1 と d_2 の間のホモトピーである．したがって，c_1 と c_2 が X においてホモトープなら，d_1 と d_2 は Y においてホモトープである．以上から，X と Y が位相同型なら，X において P を基点とするループの種類を数えることは，Y において対応点 Q を基点とするループの種類を数えることと等価である．

二つのループがたがいにホモトープであるという関係は同値関係であるから，点 P を基点とするループの種類を数え上げることは，すなわち，この同値関係

に関する同値類の個数を数え上げることにほかならない. この同値類を**ホモトピー同値類**という. ループ c のホモトピー同値類 (c とホモトープなすべてのループからなる集合) を $[c]$ で表す.

例 2.1 平面 $\mathbf{R}^2$ における半径 1 の円の内部を X とする. すなわち

$$X = \{(x,y) \in \mathbf{R}^2 \mid x^2 + y^2 < 1\} \tag{2.3}$$

である. 原点を $O \in X$ とする. O を基点とするループはすべて互いにホモトープである. このことは次のようにして示せる. $c_0 : I \to X$ を, 原点のみにとどまるループ——すなわちすべての $t \in I$ に対して, $c_0(t) = O$ ——とおく. また, $c : I \to X$ を, O を基点とする任意のループとする. $t \in I$ に対して, $c(t)$ は平面上の点であるが, 図 2.3 に示すように, その極座標を $c(t) = (r(t), \theta(t))$ とおく. $F(s,t)$ を

$$F(s,t) = (s \cdot r(t), \theta(t)) \tag{2.4}$$

とおく. すなわち, 各 $s \in I$ に対して $F(s,t)$ は, c 上の点 $c(t)$ を原点の周りで s 倍したものを表す. $F(s,t)$ は連続写像であり, さらに $F(0,t) = c_0(t), F(1,t) = c_1(t)$ である. したがって, $F(s,t)$ は c_0 と c_1 の間のホモトピーである. このように, X において, O を基点とするすべてのループは, O にとどまるループ c_0 とホモトープである. したがって, O を基点とするループのホモトピー同値類は 1 個しかないことがわかる. ∎

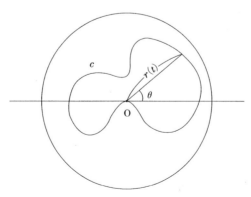

図 2.3　円内のループ

例 2.2 3次元空間における 2 次元球面を X とする．すなわち

$$X = \{(x, y, z) \in \mathbf{R}^3 \mid x^2 + y^2 + z^2 = 1\} \tag{2.5}$$

である．$N = (0, 0, 1) \in X$ とおく（地球になぞらえて，N を北極とよぶ）．N を基点とする任意のループはすべて互いにホモトープである．このことは次のようにして示せる．$c : I \to X$ を，N を基点とするループとする．今，簡単のために，どのような $t \in I$ に対しても $c(t) \neq (0, 0, -1)$ と仮定する（すなわちループ c は南極を通らないとする）．各 $t \in I$ に対して，図 2.4 に示すように，点 $c(t)$ の球座標を $c(t) = (r(t), \theta(t), \varphi(t))$ とおく．写像 $F : I \times I \to X$ を

$$F(s, t) = (r(t), \theta(t), s\varphi(t)) \tag{2.6}$$

とおく．すなわち，各 $s \in I$ に対して，$F(s, t)$ は，c 上の点 $c(t)$ を，緯度は変えないで，北極からの距離が s 倍になるように移動した点を表す．$F(s, t)$ は連続写像だから，ループ $F(0, t) = s(t)$ と，北極のみからなるループ $F(1, t) = N$ の間のホモトピーである．ループ c が南極を通過する場合には，c を南極付近で少し変形させて南極を通らないループへ連続変形できるから，その後で上の議論が適用できる．したがって，N を基点とする任意のループは，1 点 N のみからなるループとホモトープである．このように，N を基点とするループのホモトピー同値類は 1 個しかない． ∎

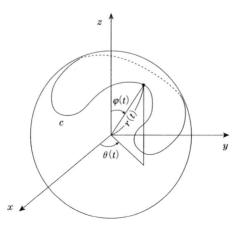

図 2.4　球面上のループ

|念のために| 円の内部と球面とは位相同型ではない．しかし，例2.1と例2.2で見たように，ホモトピー同値類の個数は等しい．したがって，「ホモトピー同値類」という位相不変量は完全ではなく，位相同型でないのにこの不変量では区別できないものがある．

2.2 群

(1) 数え上げるとは

円盤や球面に対するホモトピー同値類は1個しかなかったが，次に2個以上ある場合について見てみる．ドーナツ型をした図形の表面（これは**トーラス**とよばれる）を考えよう．図2.5に示すように，この面上の1点Pを固定し，Pを基点とする閉路で互いにホモトープでないものを探すと，すぐに3種類が見つかる．すなわち，図2.5のc_1のように1点Pとホモトープなもの，c_2のようにトーラスの穴の周りを1周するもの，c_3のようにトーラスの胴をひとまわりするものの3種類である．

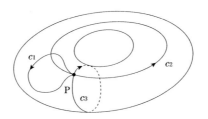

図2.5 トーラス上の単純なループ

これ以外にはないだろうか．実はある．穴の周りを2周するもの，3周するもの，…，胴の周りを2周するもの，3周するもの，…，さらに図2.6に示すように，胴の周りを何周もしながら同時に穴の周りを1周するものなどである．

この例からもわかるように，ホモトピー同値類が1個でない場合には，その個数はとたんに無限大になってしまう．したがって，今まで"同値類を数え上げる"と言ってきたが，単純に個数を数えるだけではすまないのである．

ではどうすればよいだろうか．その答は，同値類の間の構造を知ることである．穴の周りを2周するループは，穴の周りを1周するループを二つつなげて

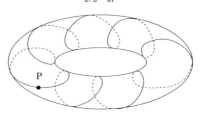

図 2.6 トーラス上のより複雑なループ

できるとか,胴の周りを 3 周するループは,胴の周りを 1 周するループを三つつなげてできるなど,同値類の間には互いに関係がある.この関係の構造を知ることによって,二つの位相空間のホモトピー同値類が同じであるかどうかを議論できる.この構造は「群」とよばれる.そこで次に,群についての準備をしよう.

(2) 群とその直積

まず群を定義しよう.

定義 2.4 (群) 集合 G の任意の二つの要素 a, b に対して G の要素 $a \cdot b$ が定義され,次の (i), (ii), (iii) が満たされるとき,対 $(G, \cdot)$ を**群** (group) といい,$\cdot$ を G の**演算** (operation) という.

(i) 任意の $a \in G$ に対して,$a \cdot e = e \cdot a = a$ となる $e \in G$ が存在する(e を G の**単位元** (neutral element) という).

(ii) 任意の $a, b, c \in G$ に対して $(a \cdot b) \cdot c = a \cdot (b \cdot c)$ (この等式は**結合律**とよばれる).

(iii) 任意の $a \in G$ に対して,$a \cdot b = e$ となる $b \in G$ が存在する(この b を a の**逆元** (inverse element) とよび,a^{-1} で表す).

特に任意の $a, b \in G$ に対して $a \cdot b = b \cdot a$ が成り立つとき,群 $(G, \cdot)$ を**可換群** (commutative group) または**加群** (additive group; module) または**アーベル群** (Abelian group) という. ∎

任意の群 $(G, \cdot)$ はただ一つの単位元をもつ.実際,$e, e' \in G$ がどちらも単位元であるとすると,e が単位元だから $e' \cdot e = e'$ であり,e' も単位元であ

るから $e' \cdot e = e$ となり, 結局 $e = e'$ が得られるからである. また任意の元 $a \in G$ の逆元もただ一つに決まる. なぜなら, $b, b' \in G$ がどちらも a の逆元であるとすると, $a \cdot b = a \cdot b' = e$ であるから, この式に左から a^{-1} をかけて $b = b' = a^{-1}$ が得られるからである.

例 2.3　整数全体がなす集合を $\mathbf{Z}$ とする. 通常の和演算 $+$ を考えると, $(\mathbf{Z}, +)$ は群となる. 実際, $(a + b) + c = a + (b + c)$ が成り立ち, $0 \in \mathbf{Z}$ が単位元となり, $a \in \mathbf{Z}$ の逆元は $-a$ である. この群は可換群である. ∎

定義 2.5 (直積)　$(G, \cdot)$ と $(H, \cdot)$ を二つの群とする. $G \times H = \{(a, b) \mid a \in G, \ b \in H\}$ とおき, $(a_1, b_1), (a_2, b_2) \in G \times H$ に対して, 演算 $\cdot$ を $(a_1, b_1) \cdot (a_2, b_2) = (a_1 \cdot a_2, b_1 \cdot b_2)$ で定める. $(G \times H, \cdot)$ は群となる. この群を, $(G, \cdot)$ と $(H, \cdot)$ の直積と言い, $G \otimes H$ で表す. ∎

$(G \times H, \cdot)$ が群であることは, 次のようにして示すことができる.

(i) G と H の単位元をそれぞれ e_G, e_H とすると (e_G, e_H) が $G \times H$ の単位元となる.

(ii) $(a_1, b_1), (a_2, b_2), (a_3, b_3) \in G \times H$ に対して

$$((a_1, b_1) \cdot (a_2, b_2)) \cdot (a_3, b_3) = (a_1 \cdot a_2, b_1 \cdot b_2) \cdot (a_3, b_3)$$
$$= ((a_1, a_2) \cdot a_3, (b_1 \cdot b_2) \cdot b_3) = (a_1 \cdot (a_2 \cdot a_3), b_1 \cdot (b_2 \cdot b_3))$$
$$= (a_1, b_1)(a_2 \cdot a_3, b_2 \cdot b_3) = (a_1 \cdot b_1) \cdot ((a_2, b_2) \cdot (a_3, b_3))$$

であるから結合律が成り立つ.

(iii) $(a, b) \in G \times H$ に対して, (a^{-1}, b^{-1}) がその逆元となる.

定義 2.6 (直和)　$(G, +), (H, +)$ を二つの可換群とする. このとき, 直積 $G \otimes H$ も可換群となる. この可換群を特に $(G, +)$ と $(H, +)$ の直和といい, $G \oplus H$ で表す. ∎

定義 2.7 (準同型)　$(G_1, \cdot), (G_2, \cdot)$ を二つの群とする. 全射 $f : G_1 \to G_2$ が任意の $a, b \in G_1$ に対して

$$f(a \cdot b) = f(a) \cdot f(b) \tag{2.7}$$

を満たすとき,f を準同型写像という.

定義 2.8 (同型) $(G_1, \cdot), (G_2, \cdot)$ を二つの群とする.$f : G_1 \to G_2$ と f^{-1} が両方とも準同型写像であるとき,f を同型写像といい,二つの群は互いに同型であるという.同型であることを $G_1 \cong G_2$ で表す.

2.3 基 本 群

位相空間 (X, τ) の点 $\mathrm{P} \in X$ を基点とする二つのループを c_1, c_2 とする.写像 $c_1 \cdot c_2 : I \to X$ を次のように定義する:

$$c_1 \cdot c_2(t) = \begin{cases} c_1(2t) & (0 \leq t \leq \frac{1}{2} \text{ のとき}), \\ c_2(2t-1) & (\frac{1}{2} < t \leq 1 \text{ のとき}). \end{cases} \tag{2.8}$$

図 2.7 に示すように,パラメータ t が 0 から連続に増えていくとき,$c_1 \cdot c_2(t)$ は P から出発して,まず c_1 の道をたどり,$t = \dfrac{1}{2}$ で P へもどる.次に,c_2 の道をたどり,$t = 1$ で再び P へもどる.したがって $c_1 \cdot c_2(t)$ も,P を基点とする一つのループである.

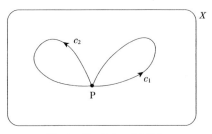

図 2.7 二つのループの結合

性質 2.2 (X, τ) を位相空間とし,c_1, c_1', c_2, c_2' を,点 $\mathrm{P} \in X$ を基点とするループとする.$c_1 \sim c_1', c_2 \sim c_2'$ のとき,$c_1 \cdot c_2 \sim c_1' \cdot c_2'$ である.

証明 c_1 と c_1' の間のホモトピーを $F_1(s, t)$,c_2 と c_2' の間のホモトピーを $F_2(s, t)$ とする.$F_1(0, t) = c_1(t), F_1(1, t) = c_1'(t), F_2(0, t) = c_2(t), F_2(1, t) =$

$c_2'(t)$ である.写像 $G : I \times I \to X$ を

$$G(s,t) = \begin{cases} F_1(s, 2t) & (0 \leq t \leq \frac{1}{2} \text{ のとき}), \\ F_2(s, 2t-1) & (\frac{1}{2} < t \leq 1 \text{ のとき}) \end{cases} \quad (2.9)$$

と定義する.このとき

$$G(0,t) = \begin{cases} F_1(0, 2t) = c_1(2t) & (0 \leq t \leq \frac{1}{2} \text{ のとき}), \\ F_2(0, 2t-1) = c_2(2t-1) & (\frac{1}{2} < t \leq 1 \text{ のとき}) \end{cases} \quad (2.10)$$

である.これは $G(0,t) = c_1 \cdot c_2(t)$ を意味している.同様に $G(1,t) = c_1' \cdot c_2'(t)$ である.図 2.8 に示すように,s が 0 から 1 まで変化するとき,$G(s,t)$ は,$c_1 \cdot c_2$ から $c_1' \cdot c_2'$ へ連続に変化する.したがって,$G(s,t)$ は,$c_1 \cdot c_2$ と $c_1' \cdot c_2'$ の間のホモトピーであり,$c_1 \cdot c_2 \sim c_1' \cdot c_2'$ である. ∎

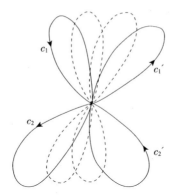

図 2.8 ホモトピーによるループの変形

　この性質は,同値類 $[c_1]$ に属するループ c_1 と,同値類 $[c_2]$ に属するループ c_2 とを結合した結果 $c_1 \cdot c_2$ が属する同値類 $[c_1 \cdot c_2]$ は,c_1 と c_2 の選び方によらないことを意味している.そこで,$[c_1] \cdot [c_2]$ を $[c_1 \cdot c_2]$ のことであると定義する.これによって演算 $\cdot$ を同値類の間の演算に拡張できた.

性質 2.3 位相空間 (X, τ) の点 P を基点とするループの同値類全体がなす集合を $\pi_1(X; \mathrm{P})$ とおく.$(\pi_1(X; \mathrm{P}), \cdot)$ は群となる.

証明 (i) 常に点 P に停まるループを $c_0(t) = P$ とおく．c を，P を基点とする任意のループとする．

$$c_0 \cdot c(t) = \begin{cases} P & (0 \leq t \leq \frac{1}{2} \text{ のとき}), \\ c(2t-1) & (\frac{1}{2} < t \leq 1 \text{ のとき}) \end{cases} \quad (2.11)$$

である．ここで写像 $F : I \times I \to X$ を

$$F(s,t) = \begin{cases} P & (0 \leq t \leq -\frac{1}{2}s + \frac{1}{2} \text{ のとき}), \\ c(\frac{2}{s+1}t + \frac{s-1}{s+1}) & (-\frac{1}{2}s + \frac{1}{2} < t \leq 1 \text{ のとき}) \end{cases} \quad (2.12)$$

と定義する．図 2.9 に，s を固定したときの，t の切り変わりの様子を示す．

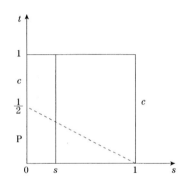

図 2.9 式 (2.12) における変数とループの関係

$s \in I$ をある値に固定したとき，$F(s,t)$ は，図 2.9 に示すように，$0 \leq t \leq -s/2 + 1/2$ の間は点 P にとどまり，$-s/2 + 1/2 < t \leq 1$ において，$c(t)$ が $0 \leq t \leq 1$ において描く軌跡と同じものを描く．特に，$F(0,t) = c_0 \cdot c(t)$ であり，$F(1,t) = c(t)$ である．したがって，$F(s,t)$ は $c_0 \cdot c$ と c との間のホモトピーであり，$c_0 \cdot c \sim c$ である．同じようにして，$c \cdot c_0 \sim c$ も示すことができる．以上より，$[c_0] \cdot [c] = [c]$ であり，$[c_0]$ が単位元であることがわかる．

(ii) c_1, c_2, c_3 を，P を基点とする任意のループとする．

$$(c_1 \cdot c_2) \cdot c_3(t) = \begin{cases} c_1 \cdot c_2(2t) & (0 \leq t \leq \frac{1}{2} \text{ のとき}), \\ c_3(2t-1) & (\frac{1}{2} < t \leq 1 \text{ のとき}) \end{cases} \quad (2.13)$$

であり，したがって

$$(c_1 \cdot c_2) \cdot c_3(t) = \begin{cases} c_1(4t) & (0 \leq t \leq \frac{1}{4} \text{ のとき}), \\ c_2(4t-1) & (\frac{1}{4} < t \leq \frac{1}{2} \text{ のとき}), \\ c_3(2t-1) & (\frac{1}{2} < t \leq 1 \text{ のとき}) \end{cases} \quad (2.14)$$

である. 同様に

$$c_1 \cdot (c_2 \cdot c_3)(t) = \begin{cases} c_1(2t) & (0 \leq t \leq \frac{1}{2} \text{ のとき}), \\ c_2(4t-2) & (\frac{1}{2} < t \leq \frac{3}{4} \text{ のとき}), \\ c_3(4t-3) & (\frac{3}{4} < t \leq 1 \text{ のとき}) \end{cases} \quad (2.15)$$

である. そこで写像 $F(s,t): I \times I \to X$ を次のように定める:

$$F(s,t) = \begin{cases} c_1(\frac{4t}{s+1}) & (0 \leq t \leq \frac{1}{4}s + \frac{1}{4} \text{ のとき}), \\ c_2(4t-s-1) & (\frac{1}{4}s + \frac{1}{4} < t \leq \frac{1}{4}s + \frac{1}{2} \text{ のとき}), \\ c_3(\frac{-4t}{s-2} + \frac{s+2}{s-2}) & (\frac{1}{4}s + \frac{1}{2} < t \leq 1 \text{ のとき}). \end{cases} \quad (2.16)$$

図 2.10 に, 任意の s に対する t の切り変わりの様子を示す. 各 s に対して, $F(s,t)$ は, この図の切り変わりの位置において c_1, c_2, c_3 とを順にたどる. $F(0,t) = (c_1 \cdot c_2) \cdot c_3(t)$ であり, $F(1,t) = c_1 \cdot (c_2 \cdot c_3)(t)$ であるから, $F(s,t)$ は $(c_1 \cdot c_2) \cdot c_3$ と $c_1 \cdot (c_2 \cdot c_3)$ の間のホモトピーである. したがって, $(c_1 \cdot c_2) \cdot c_3 \sim c_1 \cdot (c_2 \cdot c_3)$ が成り立ち, $\pi_1(X; P)$ における演算 · は結合律を満たす.

(iii) c を, P を基点とする任意のループとし, $c'(t) = c(1-t)$ とおく. c' は

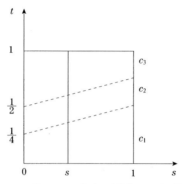

図 **2.10** 式 (2.16) における変数とループの関係

2.3 基本群

c と同じ軌跡を逆の順序で描くループである．今，写像 $F: I \times I \to X$ を

$$F(s,t) = \begin{cases} c(2t) & (0 \leq t \leq -\frac{1}{2}s + \frac{1}{2} \text{ のとき}), \\ c(-\frac{1}{2}s + \frac{1}{2}) & (-\frac{1}{2}s + \frac{1}{2} < t \leq \frac{1}{2}s + \frac{1}{2} \text{ のとき}), \\ c'(2t-1) & (\frac{1}{2}s + \frac{1}{2} < t \leq 1 \text{ のとき}) \end{cases} \quad (2.17)$$

と定義する．図 2.11 に，各 s に対する t の切り変わりの様子を示す．図 2.12 に示すように，任意の $s \in I$ に対して，$Q = c(-s/2 + 1/2)$ とおくと，$F(s,t)$ は，$0 \leq t \leq -s/2 + 1/2$ において c の最初の部分を Q まで描き，次の $-s/2 + 1/2 < t \leq s/2 + 1/2$ において点 Q にとどまり，最後の $s/2 + 1/2 < t \leq 1$ において，c の最初の部分を Q から P へ逆にたどる．特に $s = 1$ のときには，$F(0,t) = \text{P}$ である．したがって，$F(s,t)$ は $c \cdot c'$ と c_0 の間のホモトピーであり，$[c] \cdot [c'] = [c_0]$ となる．同じように $[c'] \cdot [c] = [c_0]$ も示すことができる．ゆえに $[c'(t)] = [c(1-t)]$ は $[c]$ の逆元である． ∎

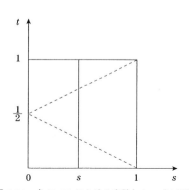

図 2.11 式 (2.17) における変数とループの関係

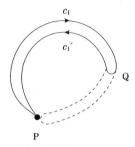

図 2.12 逆向きにたどる二つのループの合成

性質 2.3 によって，点 P を基点とするループのホモトピー同値類の集合 $\pi_1(X;P)$ が群をなすことがわかった．この群を，X の基点 P に関する**基本群**という．ところでこの群において，基点 P の選び方はそれほど重要ではない．すなわち次の性質が成り立つ．

性質 2.4 位相空間 (X,τ) が連結なら，任意の 2 点 P, Q に対して，二つの群 $\pi_1(X;P)$ と $\pi_1(X;Q)$ は同型である．

証明 (X,τ) が連結であるとする．図 2.13 に示すように，P を始点とし Q を終点とする道の一つを $a: I \to X$ とする．$a(0) = P, a(1) = Q$ である．Q を基点とする任意のループ c_1 に対して，$a \cdot c_1 \cdot a^{-1}$ は P から出発し，道 a をたどって Q へ行き，次に c_1 に沿ってループを描いてから，道 a を逆向きにたどって P へもどる道であるから，P を基点とするループとなる．さらに $c_1 \sim c_1'$ ならば $a \cdot c_1 \cdot a^{-1} \sim a \cdot c_1' \cdot a^{-1}$ も成り立つ．したがって，$\pi_1(X;Q)$ の中の同値類 $[c_1]$ に対して，$\pi_1(X;P)$ の中の同値類 $[a \cdot c_1 \cdot a^{-1}]$ が対応する．同じように，P を基点とする任意のループ c_2 に対して，$a^{-1} \cdot c_2 \cdot a$ は Q を基点とするループとなり，$[c_2] \in \pi_1(X;P)$ に対して，$[a^{-1} \cdot c_2 \cdot a] \in \pi_1(X;Q)$ が対応する．この対応によって，二つの群 $\pi_1(X;P), \pi_1(X;Q)$ は同型となる．■

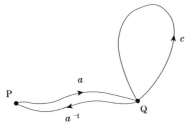

図 **2.13** ループの基点の変更

したがって，二つの位相空間 $(X,\tau),(Y,\tau')$ がともに連結なら，基点 $P \in X$ と $Q \in Y$ を任意に選んで固定した上で，$\pi_1(X;P)$ と $\pi_1(Y;Q)$ を比べればよい．そして，この二つの基本群が同型でなければ，この二つの位相空間は同相ではないと判定できる．

X が連結なとき，基点を省略して，X の基本群を $\pi_1(X)$ と書く．

2.4 代表的な位相空間の基本群

ここでは,いくつかの代表的な位相空間に対して,その基本群を計算してみよう.とは言っても厳密な計算は省略して,直観に訴えながら考える.

(1) n 次元球体

n 次元空間 $\mathbf{R}^n$ において,原点 O からの距離が r 以下の点 P をすべて集めてできる集合

$$B^n = \{P \in \mathbf{R}^n \mid D(P, O) \leq r\} \tag{2.18}$$

を **n 次元球体** (n-ball) という.1 次元球体 B^1 は閉区間 $[-r, r]$ であり,2 次元球体 B^2 は半径 r の円とその内部であり,3 次元球体 B^3 は半径 r の球面とその内部である.B^n における O を基点とする任意のループ $c: I \to B^n$ に対して,

$$F(s, t) = s \cdot c(t) \tag{2.19}$$

とおくと,$F(s, t)$ は,原点 O のみからなるループと c との間のホモトピーとなる.したがって,基本群 $\pi_1(B^n, O) = 0$ である.ただし,0 は単位元だけからなる群を表す.また,B^n に含まれる任意の 2 点を結ぶ線分は B^n に含まれるから,B^n は連結である.したがって,B^n の基本群は基点の選び方によらない.すなわち $\pi_1(B^n) = 0$ である.

(2) n 次元球面

$(n+1)$ 次元空間 $\mathbf{R}^{n+1}$ において,原点 O からの距離がちょうど r である点 P をすべて集めてできる集合

$$S^n = \{P \in \mathbf{R}^{n+1} \mid D(P, O) = r\} \tag{2.20}$$

を **n 次元球面** (n-sphere) という.1 次元球面 S^1 は円周であり,2 次元球面 S^2 は 3 次元空間に置かれた球の表面——すなわち普通に球面とよんでいる図形——である.一般に n 次元球面 S^n は,$n+1$ 次元球体 B^{n+1} の境界である.

S^1 上の任意の 1 点 P を固定する．P を基点として円周 S^1 を時計回りに k 回まわるループのホモトピー同値類を $[k]$ で表す．したがって，$[0]$ は点 P のみからなるループの同値類を表し，$[-k]$ は反時計回りに k 回まわるループを表す．任意の整数 $k, m \in \mathbf{Z}$ に対して，時計回りに k 回まわるループと m 回まわるループをつなぎ合わせると，$k+m$ 回まわるループになるから，$[k] \cdot [m] = [k+m]$ である．ホモトピー類 $[k]$ を整数 k に対応させ，ホモトピー類の間の演算・を整数の間の和演算 + に対応させると，要素と演算が 1 対 1 に対応するから，$\pi_1(S^1, \mathrm{P}) \cong (\mathbf{Z}, +)$ である．群 $(\mathbf{Z}, +)$ を $\mathbf{Z}$ と略記することにする．S^1 は連結だから，$\pi_1(S^1, \mathrm{P})$ は P の選び方によらない．以上から，$\pi_1(S^1) \cong \mathbf{Z}$ である．

一方，$n \geq 2$ に対しては，球面 S^n は，1 点のみからなるループとホモトピー同値なループしかもたない．したがって，$\pi_1(S^n) = 0$ である．

(3) 円柱

平面 $\mathbf{R}^2$ の部分集合 $\{(x, y) \mid -1 \leq x, y \leq 1\}$ において，$(-1, y)$ と $(1, y)$ を同一視してできる位相空間

$$C = \{(x, y) \mid -1 \leq x, y \leq 1, (-1, y) = (1, y)\} \qquad (2.21)$$

を円柱 (cylinder) という．これは，図 2.14 (a) に示す正方形の辺 AD と辺 BC

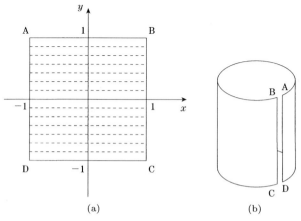

図 **2.14** 円柱

を，同図の (b) に示すように貼り合わせて得られる位相空間である．C においては，任意の整数 $k \in \mathbf{Z}$ に対して，x 座標の値が増す向きに k 回まわるループが一つのホモトピー同値類を作る．したがって，その基本群の構造は S^1 と同じであり，$\pi_1(C) \cong \mathbf{Z}$ である．

(4) メビウスの帯

正方形領域 $\{(x,y) \mid -1 \leq x, y \leq 1\}$ の $(-1,y)$ と $(1,-y)$ を同一視して得られる位相空間

$$M = \{(x,y) \mid -1 \leq x, y \leq 1, (-1,y) = (1,-y)\} \tag{2.22}$$

をメビウスの帯 (Mebius band) という．円柱が，正方形の相対する辺を単純に貼り合わせて得られるのに対して，メビウスの帯は，図 2.15 に示すように，正方形にひねりを加えて一辺の上下を入れ換えてから貼り合わせて得られるものである．M の上に立った人が，x 軸に沿って $(-1,0)$ から $(1,0)$ $(= (-1,0))$ まで歩いて 1 回転してもとの点へもどったとき，裏側に立つことになる．この意味で，M は表と裏の区別のない面である．M においても，円柱と同じように，任意の整数 k に対して，k 回まわるループが一つのホモトピー同値類を作る．したがって $\pi_1(M) \cong \mathbf{Z}$ である．

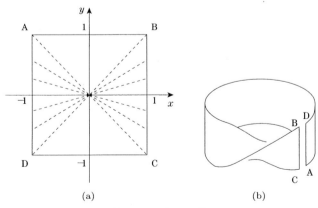

図 2.15　メビウスの帯

(5) トーラス

図 2.16 に示すように，正方形領域 $\{(x,y) \mid -1 \leq x,y \leq 1\}$ の互いに向かい合う 2 組の辺対をそれぞれ貼り合わせて得られる位相空間

$$T = \{(x,y) \mid -1 \leq x,y \leq 1, (-1,y) = (1,y), (x,-1) = (x,1)\} \quad (2.23)$$

をトーラス (torus) という．トーラスにおいては胴の周りをまわるループと，穴の周りをまわるループという二種類の性質の異なるループの組合せで，一般のループが成り立っている．

今，図 2.17 (a) に示すように，P を基点とし，まず胴の周りを 1 周し，次に穴の周りを 1 周するループがあるとしよう．このループは，T 内の連続な変形によって，図 2.17 (b) に示すように，始めから穴の周りもまわりながら，胴の周りをまわるループへ移すことができる．この変形をさらに続けて行うと，最終的には，同図の (c) に示すように，まず穴の周りを 1 周し，その後で胴の周りを 1 周するループが得られる．すなわち，胴の周りを 1 回と，穴の周りを 1 回まわるループは，どちらが先であっても同じホモトピー同値類に属す．同様に，胴の周りを k 回と穴の周りを l 回まわるループは，その順序に関係なく，

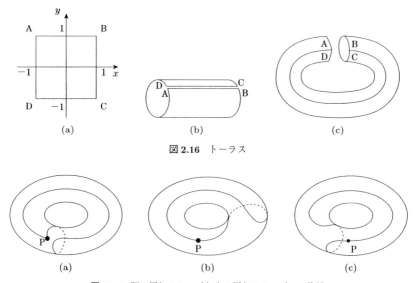

図 2.16 トーラス

図 2.17 胴の周りのループと穴の周りのループの可換性

k と l だけで決まる一つのホモトピー同値類を作る．この同値類を，$[k,l]$ で表すことにしよう．同値類 $[k,l]$ に属するループと，同値類 $[k',l']$ に属するループをつなぐと，胴の周りを $k+k'$ 回まわり，穴の周りを $l+l'$ 回まわるループが得られるから

$$[k,l] \cdot [k',l'] = [k+k', l+l'] \tag{2.24}$$

が成り立つ．したがって，このホモトピー同値類がなす群は，第1成分に関しても第2成分に関しても $\mathbf{Z}$ と同型の群となるから，二つの群 $\mathbf{Z}$ の直和で表せる．すなわち，$\pi_1(T) \cong \mathbf{Z} \oplus \mathbf{Z}$ である．

(6) 穴のあいた円盤

図 2.18 に示すように，1個の穴 A があいた円盤を X としよう．X においては，この穴の周りを時計回りに k 回まわるループが一つのホモトピー同値類を作るから，1次元球面 S^1 の場合と同じように $\pi_1(X) \cong \mathbf{Z}$ である．

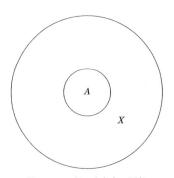

図 2.18　1個の穴をもつ円盤

次に，図 2.19 に示すように2個の穴 A, B があいた円盤を Y としよう．穴 A の周りを時計回りに1回まわるループの同値類を a とおき，穴 B の周りを時計回りに1回まわるループの同値類を b とおく．また，穴 A, B を反時計回りに1回まわるループの同値類を，それぞれ a^{-1}, b^{-1} とおく．任意に選んで固定した基点 $\mathrm{P} \in Y$ に関するループは，4種の文字 a, b, a^{-1}, b^{-1} を0個以上並べて表すことができる．ただし，穴を1度もまわらないループ（1点 P とホモトープなループ）は1で表すことにする．たとえば，穴 A の周りを

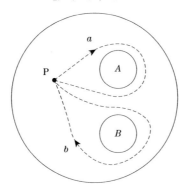

図 2.19 2 個の穴をもつ円盤

時計回りに 1 回まわった後，穴 B の周りを時計回りに 1 回まわるループは ab と表せる．この場合はトーラスの胴をまわるループと穴をまわるループの関係とは異なり，ab と ba は異なる．一つの穴を 1 回まわった直後に同じ穴を反対向きにまわると，その穴を全然まわらなかった場合と等価であるから，$aa^{-1} = a^{-1}a = bb^{-1} = b^{-1}b = 1$ である．この規則のもとに，4 つの文字 a, b, a^{-1}, b^{-1} を任意の順序で任意個並べてできる文字列の全体が，文字列の結合という演算に関して作る群を $G(a,b)$ で表す．$\pi_1(Y) = G(a,b)$ である．

補足　位相空間 (X, τ) の基本群を $\pi_1(X)$ と表すが，ここで使われている添字の 1 が何を表しているのかと疑問をもつ読者も多いであろう．これについて一言，説明しておこう．基本群は，位相空間の中のループの種類から定まる．そして，そのループは，$I = [0,1]$ から X への連続写像 $c: I \to X$ で，$c(0) = c(1)$ という条件を満たすものである．ここで $c(0) = c(1)$ という制約が課されているということは，c が，1 次元球 S^1 (すなわち円周) から X への写像ともみなせるということである．実は，$\pi_1(X)$ の 1 は，S^1 の 1 なのである．一般に，ループ $c: S^1 \to X$ のかわりに，正整数 n を固定し，連続写像 $f: S^n \to X$ に基づいて，基本群に対応する代数構造を作ることができる．この代数構造を $\pi_n(X)$ で表す．その中身は，本書の範囲を越えるので省略するが，基本群を $\pi_1(X)$ と 1 を添えて表す理由はわかっていただけたであろう．

演習問題

2.1 例 2.2 では，球面上のループ c は南極 $(0,0,-1)$ を通らないと仮定したが，c が南極を通る場合に，南極を通らないループへ移す連続な変形の例を一つ示せ．ただし，基点である北極 $N = (0,0,1)$ は動かしてはいけない．

2.2 次の (1)，(2)，(3)，(4)，(5) のそれぞれが群か否かを調べよ．

(1) 有理数全体 **Q** と加算の対 $(\mathbf{Q}, +)$．
(2) 有理数全体 **Q** と乗算の対 $(\mathbf{Q}, \times)$．
(3) n 次正方行列全体と行列のたし算．
(4) n 次正方行列全体と行列のかけ算．
(5) 集合 A からそれ自身への全単射全体の集合と写像の合成．

2.3 位相空間 (X, τ) における点 P を基点とするすべてのループの集合を $\Omega(\mathrm{P})$ とするとき，$\Omega(\mathrm{P})$ はループの結合演算・に関して群とはならない．これを示せ．

2.4 3 個の穴 A, B, C をもつ円盤 X の基本群 $\pi_1(X)$ の構造を説明せよ．ただし，穴 A, B, C を時計回りに 1 回まわるループの同値類をそれぞれ a, b, c で表し，反時計回りに 1 回まわるループの同値類をそれぞれ a^{-1}, b^{-1}, c^{-1} で表すことにせよ．

3

結び目とロープマジック

　ここでは，ホモトピー理論の応用例として，結び目の理論について学ぶ．結び目とは，3次元空間において1本のひもの両端をつないで輪にしたもののことである．ただし，この輪は，両端をくっつける直前のひもの状態に応じて，いろいろな種類に分かれる．輪ゴムのような単純な輪もあれば，複雑に絡み合った輪もある．

　結び目の理論の目標は，この結び目が与えられたとき，それらが本質的に違うものなのかどうか——すなわち，切ったり貼ったりすることなく連続に変形させて，一方から他方へ移すことができないかどうか——を判定することである．このためにホモトピー理論が役立つことを示す．

　さらに，ロープマジックやロープパズルを，結び目の理論という立場から眺めてみる．それによって，たとえば，一見すると不可能に見えるマジックやパズルでも，位相不変性という観点からは少しも矛盾がなくて，ずるいトリックを使わなくても可能なものがあることがわかる．また逆に位相不変性に反するから，ずるいトリックを使っているに違いないとわかる場合もある．

3.1　結び目の理論

(1) 周りの空間に着目

　結び目とは，3次元空間に置かれた，自分自身と交差することのない1次元球 S^1——すなわちループ——を"わずかに"太らせた図形のことである．ただし，"わずかに"太らせるとは，この図形の他の部分とくっつくことのない程度に少しだけ太らせるという意味である．

3.1 結び目の理論

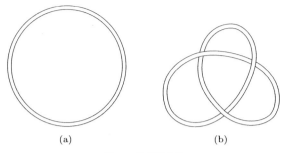

図 3.1 結び目の例

図 3.1 に, 結び目の例を二つ示す. この図の (a) は, 普通の輪ゴムと同じ形で, 最も単純な結び目である. これは**自明な結び目**とよばれる. 一方, この図の (b) は, (a) と違ってひもが絡まっている. ひもをいったん切ってまたつなぐということをしない限り, (a) の状態から (b) の状態へ移すことはできない. この意味で (a) と (b) は異なる結び目である.

ところで, 二つの結び目が同じかどうかは, それらが位相同型かどうかを調べてみてもわからない. なぜなら, すべての結び目は, ループ S^1 を太らせた図形であって, もともと互いに位相同型だからである. 結び目の違いを調べるためには, 結び目自身ではなくて, その周りの空間に着目しなければならない.

X と Y を, 空間 $\mathbf{R}^n$ に置かれた, 互いに位相同型な二つの図形であるとしよう. $\mathbf{R}^n$ において, X と Y が互いに連続な変形で移り合えるかどうかは, X と Y の置かれ方に依存する. このことを簡単な例で見てみよう.

図 3.2 (a) に示すように, 平面 $\mathbf{R}^2$ に置かれた半径 1 と 2 の二つの同心円上の点からなる集合を X とする:

$$X = \{(x,y) \mid x^2 + y^2 = 1\} \cup \{(x,y) \mid x^2 + y^2 = 2^2\}. \quad (3.1)$$

また図 3.2 (b) に示すように, 半径 2 の円はそのままであるが, 半径 1 の円を x 軸の正の方向へ 4 だけ平行移動してできる点集合を Y とする:

$$Y = \{(x,y) \mid (x-4)^2 + y^2 = 1\} \cup \{(x,y) \mid x^2 + y^2 = 2^2\}. \quad (3.2)$$

このとき X と Y は互いに位相同型である. なぜなら, X から Y への写像 f を

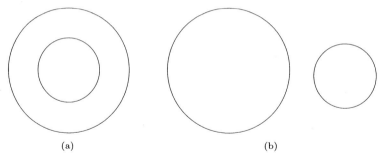

図 3.2　二つの円の異なる置き方

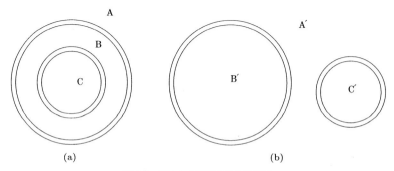

図 3.3　図 3.2 の図形の周りの空間

$$f(x,y) = \begin{cases} (x,y) & (x^2+y^2=2^2 \text{ のとき}), \\ (x+4,y) & (x^2+y^2=1 \text{ のとき}) \end{cases} \quad (3.3)$$

と定義すると，f は位相同型写像となるからである．

　しかし，$\mathbf{R}^2$ 内において，自分自身と交差することのない連続な変形によって図形を X から Y へ移すことはできない．このことは次のようにして確認できる．もし，X から Y へ連続な変形によって移せるなら，その連続な変形の途中のすべての時点で，$\mathbf{R}^2$ から図形を除いた部分も連続に変形するはずである．しかしながら，$\mathbf{R}^2 - X$ と $\mathbf{R}^2 - Y$ は位相同型でない．実際，$\mathbf{R}^2 - X$ は，図 3.3 (a) に示すように，穴のあいた平面 A と，穴のあいた円板 B と，円板 C からなるが，一方，$\mathbf{R}^2 - Y$ は，図 3.3 (b) に示すように，2 個の穴をもつ平面 A' と二つの円板 B', C' からなり，この両者は位相同型ではない．したがって，周りの空間 $\mathbf{R}^2 - X$ と $\mathbf{R}^2 - Y$ は，連続な変形で互いに移り合うことは

できない．

　このように X から Y へ連続な変形で移り合えないことは，$\mathbf{R}^2-X$ と $\mathbf{R}^2-Y$ が位相同型でないことから判定できる．

　ところで，図 3.2 の (a) と (b) で示される図形 X と Y が 3 次元空間 $\mathbf{R}^3$ に置かれているなら，この空間の中の連続変形で両者は互いに移り合える．実際，図 3.2 (a) の小さい円をもち上げて，右へずらしてから，もとの平面へおろせばよい．さらに，$\mathbf{R}^3-X$ と $\mathbf{R}^3-Y$ は，どちらも 3 次元空間から二つの円を取り除いた残りで，これらは位相同型である．このことからも，互いに位相同型な二つの図形が互いに移り合えるか否かは，周りの空間同士が位相同型であるか否かによることが理解できるであろう．

　結び目の例にもどって，図 3.1 (a) の結び目を K_1 とし，図 3.1 (b) の結び目を K_2 としよう．このとき，K_1 と K_2 は位相同型であるが，$\mathbf{R}^3-K_1$ と $\mathbf{R}^3-K_2$ は位相同型ではない．したがって，3 次元空間 $\mathbf{R}^3$ における連続な変形によっては，これら二つの結び目の一方から他方へ移すことはできない．以下では，結び目の周りの空間の位相構造を，ホモトピー理論を使って調べる．

(2) 結び目の図式

　結び目は 3 次元空間 $\mathbf{R}^3$ における，自分自身と交差しない一つのループである．これを 2 次元空間 $\mathbf{R}^2$ へ投影して得られる図を考える．ただし，図を描くときには，次の三つの約束を課すことにする．

(i) 結び目を 1 周する二通りの向きの一方を任意に選んで固定し，その向きを矢印で表す．

(ii) ループの二つの部分が交差する場所——これを**交差点**とよぶ——では，上の線はそのまま描くが，下の線は，下側にまわり込んで隠されることを表すために，線に切れ目を入れる．

(iii) 結び目の三つ以上の部分が 1 点で交差することのない投影方向を選ぶ（したがって，交差点ではちょうど二つの線が交差する）．

　このようにして得られる結び目の投影図を，その結び目の**図式**という．図 3.1 (b) の結び目を表す図式を，図 3.4 に示す．

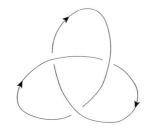

図 3.4　図 3.1 (b) の結び目の図式

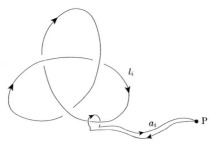

図 3.5　パス ℓ_i を右ねじの方向へ 1 周するループ

(3) 結び目に絡むループ

　結び目の図式を利用して，結び目に絡むループがなす基本群——すなわち，$\mathbf{R}^3$ から結び目を除いた図形の基本群——を計算する方法を考えよう．結び目を K とし，周りの空間を $X = \mathbf{R}^3 - K$ とおく．X の基本群 $\pi_1(X) = \pi_1(\mathbf{R}^3 - K)$ を結び目 K の**結び目群**という．点 $\mathrm{P} \in X$ を固定し，P を基点とするループを考える．

　結び目 K の図式においてループをたどったとき，交差点の下側を通過してから次に交差点の下側を通過するまでの区間を**パス**とよぶ．K を構成するパスを，K の向きに順に拾い上げたものを $\ell_1, \ell_2, \cdots, \ell_m$ とする．図 3.5 に示すように，P を基点とし，パス ℓ_i の向きに右ねじが進む回転方向へ ℓ_i を 1 周し，他のパスには絡まないループを a_i とおく．ℓ_i を右ねじの方向へ k 周するループは $a_i{}^k$ と表すことができる．特に，ℓ_i を右ねじの方向とは逆向きに 1 回転するループは $a_i{}^{-1}$ である．

　P を基点とする $X = \mathbf{R}^3 - K$ 内の任意のループ c とホモトープなループを，各パスを 1 周して P へもどるループをつなぎ合わせて作ることができる．たと

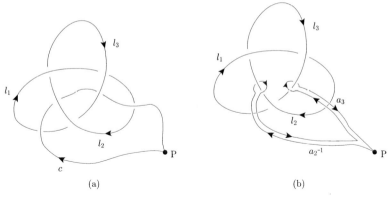

図 3.6　P を基点とするループの分解

えば，図 3.6 (a) のループ c は同図 (b) のループ c' とホモトープである．したがって，X 内の任意のループのホモトピー同値類は，$a_1, a_2, \cdots, a_m$ の整数乗をつなぎ合わせて表すことができる．たとえば，図 3.6 (a) のループ c は，同図の (b) より，$a_2^{-1} a_3$ と表すことができる．

さて，$a_1, a_2, \cdots, a_m$ の整数乗をつなぎ合わせて表される異なる表現は，ループとしてもすべて互いに異なるものであろうか．実はそうではない．同じホモトピー同値類に属すループが異なる表現をもつこともある．そのような表現の間の関係は，交差点付近でのループの変形を考えることによってわかる．

図 3.7 に示すように，結び目の図式の一つの交差点において，上側を通過するパスを ℓ_i とし，下側へ入り込むパスを ℓ_j，下側から出るパスを ℓ_{j+1} とする．このとき，ループの間には

$$a_i a_j a_i^{-1} = a_{j+1} \tag{3.4}$$

という関係が成り立つ．このことは，図 3.7 (a) に示すループ $a_i a_j a_i^{-1}$ が，同図の (b), (c), (d) と順に変形されて，最後の (d) の状態で a_{j+1} になっていることから確認できる．

実は，異なる表現の間の関係は，各交差点における式 (3.4) の形の関係のみであることが証明できる．そして，その結果，次の定理が得られる．

定理 3.1 (結び目のヴィルティンガー表示)　結び目 K の図式におけるパス

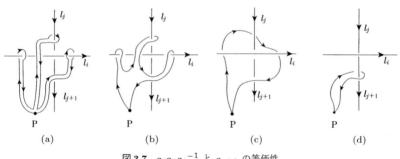

図 3.7 $a_i a_j a_i^{-1}$ と a_{j+1} の等価性

を $l_1, l_2, \cdots, l_m$ とするとき，K の結び目群——すなわち，$X = \mathbf{R}^3 - K$ の基本群——は，$a_1, a_2, \cdots, a_m$ の整数乗を並べて得られるすべての列の集合に，各交差点における式 (3.4) の形の関係を導入してできる群である．

この定理によって，結び目 K の周りの空間 $X = \mathbf{R}^3 - K$ の基本群を計算することができる．

(4) 結び目群の例

上の定理を用いて，結び目群を具体的に求めてみよう．まず図 3.1 (a) に示す自明な結び目について考える．この結び目の図式は単純な円であり，パスは，この円周 1 個のみである．このパスを ℓ とおく．この図式は交差点を 1 個ももたないから，結び目群は，$G = \{a^k \mid k \in \mathbf{Z}\}$ である．

写像 $f : G \to \mathbf{Z}$ を，$f(a^k) = k$ と定めると，f は G から $\mathbf{Z}$ への全単射で，かつ $f(a^k \cdot a^m) = f(a^{k+m}) = k + m = f(a^k) + f(a^m)$ を満たす．したがって，結び目群 G は，整数全体 $\mathbf{Z}$ がたし算に関して作る群と同型である．

次に，図 3.1 (b) の結び目を考えよう．この結び目は，図 3.6 (a) に示すように，3 個のパス ℓ_1, ℓ_2, ℓ_3 からなる．したがって，周りの空間の中の任意のループは a_1, a_2, a_3 の整数乗をつないでできる列として表現される．さらに，交差点を 3 個もつから，そのそれぞれにおいて，式 (3.4) の形の関係が成り立つ．具体的には，ℓ_1 が上を通過する交差点において

$$a_1 a_2 a_1^{-1} = a_3, \tag{3.5}$$

ℓ_2 が上を通過する交差点において

$$a_2 a_3 a_2^{-1} = a_1, \tag{3.6}$$

ℓ_3 が上を通過する交差点において

$$a_3 a_1 a_3^{-1} = a_2 \tag{3.7}$$

が得られる.

3.2 ロープマジック

ここでは,ロープに関するマジックやパズルを,結び目群という観点から眺めてみる.

(1) ロープ結び

まず,図1.1 に示したロープマジックを考えよう.これは両端をそれぞれの手でしっかりもったまま(のように見せて),結ばれていない状態から結ばれた状態を作って見せるものである.この最後の状態は,図3.8 (a) に示すように,ロープと人とから構成されているが,人の部分を連続な変形で1点へ収縮させたとみなすと,同図の (b) に示す図式と同等な結び目と考えることができる.

この図式は3個のパス ℓ_1, ℓ_2, ℓ_3 からなるから,この結び目の周りの空間内のループは,a_1, a_2, a_3 の整数乗を並べてできる列として表現できる.さらに,交差点が3個あるから,それから

$$a_1 a_2 a_1^{-1} = a_3, \quad a_2 a_3 a_2^{-1} = a_1, \quad a_3 a_1 a_3^{-1} = a_2 \tag{3.8}$$

という関係が得られる.したがってこの結び目は,図3.1 (b) に示す結び目と同じものである.実際,図3.1 (b) と図3.8 (b) の結び目は,互いに連続な変形で移り合える.

一方,このロープマジックの最初の状態——図1.1 の左側の状態——は自明な結び目と同等である.自明な結び目と,図3.8 (b) の結び目は異なるから,ロープをいったん手から離さない限り,ロープを結ぶことはできない.したがって,

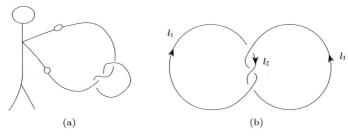

図 3.8 ロープ結びマジックの最終状態

このロープマジックでは,どこかで観客の目をあざむいてロープを手から離すというずるいことをしているはずである.

(2) ニコニコパズルの答

図 1.2 に示したニコニコパズルを考えてみよう.図 1.2 の (a), (b), (c) に示す三つのロープの状態はみな同じである.異なるのは玉の位置だけである.この玉も,もしやわらかい弾性体でできていれば,つぶして口のすき間を通すことができるから,(a), (b), (c) の状態は互いに位相同型である.したがって,トポロジー不変性の観点からは,(a) から (b), (b) から (c) への変形は不可能であると言いきることはできない.

このパズルのおもしろいところは,玉が弾性体ではなくて剛体でできているところである.そのために,口のすき間を通り抜けることはできない.(a) から (b) へ移るためには,玉を,表側から裏側へ口のすき間を通して移さなければならない.しかし,玉は大き過ぎて通せないから,(a) から (b) へは移せない.同様に,(b) から (c) へ移るためには,玉を裏側から表側へ口のすき間を通して移さなければならないが,これも不可能である.すなわち,(a) から (b) へ移すことも,(b) から (c) へ移すこともできない.

しかし,だからと言って,(a) から (c) へ移せないとは限らない.(a) から (c) へ移すためには,口のすき間を通して,玉を,まず表から裏へ移し,次に裏から表へ移さなければならないが,結局もとへもどるのであるから,玉を 2 回通すかわりに,それと等価なことをひもの操作で実現すればよい.そして実際,それは可能である.答を図 3.9 に示す.この図の (a) から出発して,(b), (c), ⋯

3.2 ロープマジック

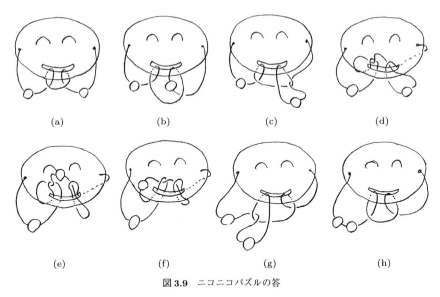

図 3.9 ニコニコパズルの答

と連続な変形を行うと，最終的に (h) の状態へ移すことができて目的が達成できる．

(3) ロープはずし

図 3.10 に示すように，ワンピースを着た女性が，輪になった十分に長いロープを腕に通し，その手をワンピースのポケットに入れて，ポケットの内側の布地をしっかりにぎっているとしよう．この女性は，手ににぎったポケットの布地を決して離さない．この状態で，ロープをこの人の腕からはずしたい．どうしたらよいであろうか．

そんなことができるはずはないと思われるかもしれない．しかし，できるのである．できるはずだということは，トポロジーの立場から次のように考えれば納得できるであろう．まず，人は一つの連結な図形である．ワンピースも，もう一つの連結な図形である．一方，人の体とワンピースの間にはすき間がある．ワンピースが体にぴったりフィットしていても，すき間を作ろうと思えば作れる．この意味で，体とワンピースは離れている．両者がつながっているのは，ポケットの布地をにぎった手の部分だけである．したがって，図 3.10 の体とワン

60   3. 結び目とロープマジック

図 3.10　腕に通したロープ

図 3.11　図 3.10 と位相同型な人・ワンピース・ロープの関係

ピースとロープの関係は，図 3.11 に示したように，ワンピースを脱いで手にもった状態と位相同型なのである．図 3.11 ならば，ロープがはずせることはすぐわかるであろう．

　できるとわかってしまえば，あとは簡単である．実際には，ワンピースを脱ぐのではなく，ロープを変形させて，体とワンピースの間を通せばよい．その手順を，図 3.12 に示した．この図の (a) のように，まず袖の中へロープを入れて首へ通す．次に (b) のように，頭から足の方へこのロープをくぐらせる．このとき，もう一方の腕が邪魔になるように見えるかもしれないが，(c) に示すように，腕と袖の間のすき間を通せばよい．最後に，このロープを足からぬいて (d) の状態にすればはずれる．

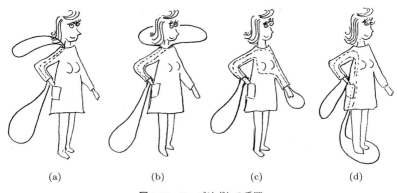

図 3.12　ロープはずしの手順

(4) 自転車の錠

　自転車の錠にはいろいろな種類のものがあるが，トポロジーの観点からは，二つのタイプに分けることができる．

　その第一は，図 3.13 (a) に示すように，車輪を支える支柱に取りつけられた錠の本体 A から突起部 B がとび出した状態で車輪のスポークの動きを妨げるタイプである．これは，回転のときスポークが通るはずの位置に突起部が存在しているということだけを根拠に，車輪の回転を止めているわけで，"トポロジカル"に止めているわけではない．すなわち，突起部をまげるなどの連続的な変形によって，錠の効力を無くすことができる．

　一方，そのような連続な変形では鍵の効力を無くせないのが，第二のタイプである．その代表的な 1 例を，図 3.13 (b) に示した．これも，鍵をかけるとき，本体から突起がのびるが，この突起は円弧を描くようにのび，その先が本体の別の場所に設けた穴に食い込んで輪を作る．そして，この輪の中を，車輪のタイヤが貫通した状態になる．この場合には，連続な変形では，錠と車輪を引き離すことはできない．

　あるとき，私の家族が自転車の鍵をなくして，駅の駐輪場に置いた自転車が動かせないと嘆いていた．それは二番目のタイプであったが，私は「そんなもの，簡単にはずせるよ」と言って，ドライバーをもって駅まで行き，家族の前でその錠を自転車本体からはずした．そして唖然とした．輪になった錠はタイヤにからんだままで，自転車は動かなかったのである．私はもちろん馬鹿にさ

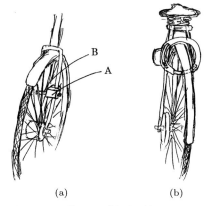

図 3.13　自転車の錠

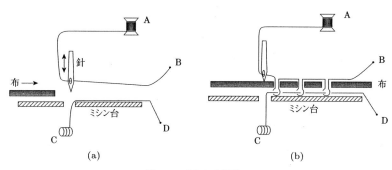

図 3.14　ミシンの振舞い

れてしまった．

(5) ミシンはなぜ縫えるのか

　ミシンで布が縫えるという事実は，ロープマジックの最高傑作の一つと言ってよいであろう．ミシンには，図 3.14 に示すように，上糸と下糸の二つの糸がある．上糸は，ミシンの上のほうに取りつけられた糸巻き A から出て，針の穴を通って外へのびている．この糸の端を B としよう．一方，下糸は，布を載せる台の下に取りつけられた糸巻き C から出て，外へのびている．この糸の端を D とおこう．台の上に布を置いてミシンのスイッチを入れると，針が上下へ往復運動しながら，同時に布が少しずつ進む．その結果，上糸と下糸が絡んで縫

3.2 ロープマジック

うことができる.

　上糸も下糸も，外へのびた糸の端 B, D は，特に布を貫通させるというようなことはなく，ただ外に置かれているだけであるから，縫うという操作に貢献していない．したがって，B と D は外の世界に固定されているとみなしてよい．一方，糸巻き A, C もそれぞれミシンの本体に固定されていると考えてよいであろう．この状態で針が上下運動するだけだから，図 3.14 (a) のように，上糸と下糸が全く絡まない状態から，同図の (b) のように上糸と下糸が絡んだ状態を作り出すことはできないはずである.

　でも，実際に，ミシンで布を縫うことができる．どこにトリックが隠されているのであろうか．

　ミシンの原理がどうなっているべきかは，トポロジー不変性から，次のように考えることができる．まず，糸巻き A, C と糸の端 B, D がすべて外の世界に固定されているなら，図 3.14 の (a) の状態から (b) の状態へ移ることはできない．一方，上糸の糸巻き A と，両方の糸の端 B, D は目に見えるところにあって，確かに外の世界に対して固定されているとみなしてさしつかえない．したがって消去法から，ミシンのトリックは，ミシン台の下に隠れて見えない糸巻き C になければならない.

　では，下糸の糸巻きはどのような振舞いをしているのであろうか．これも，縫い終わった糸の状態——図 3.14 (b) に示す糸の状態——を見ればわかる．すなわち，このように縫えるためには，糸巻き C は宙に浮いていて，針が下へ降りて上糸の一部が布の下へ来たとき，その上糸をくぐり抜けるしかない．図 3.15 に示すように，針が下へ降りたとき，上糸がゆるんで，その間を糸巻き C がくぐり抜けて，この図の (a) の状態から (b) の状態へ移るしかないのである.

　実際に，ミシンではこれと等価なことが行われている．とは言っても，糸巻き C を宙に浮かせるわけにはいかないから，それにかわる機構が組み込まれている．この機構こそがミシンの生命であり，すごいところである.

　図 3.16 は，ミシンの下糸とその周辺を模式的に表したものである．この図の (a) に示すように，下糸 D は，ボビンケース E に納められた糸巻きから出て，ミシン台 F の上へのびている．一方，上糸 B は，糸巻きから出て針 G の穴を通り，その先はやはりミシン台の上へのびている．ただし，ミシン台の上に

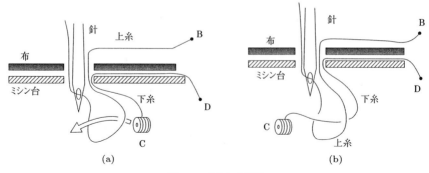

図 3.15 ミシンの原理

は布 H があり，上糸はその上へのび，下糸は布とミシン台の間にある．下糸のボビンケースの周りには，つめ I をもった回転部分があり，これが時計回りと反時計回りの回転往復運動をくり返す．この機構によって糸が縫えるしくみは次のとおりである．

図 3.16 (a) に示すように，まず針が下まで下がって，上糸の一部がミシン台の下へ送られる．この針が上へもどり始めると，上糸がゆるんで丸みを帯びる．実は，ミシンの糸は，この丸みをしっかり作れるように，よりを強くして弾力性をもたせてある．この糸の丸みを，つめがひっかけ，図の (b) に示すように，ボビンケースの周りを回転しながら上糸を下へひっぱる．このつめは，図の (c) に示すように，一番下を少し通過したあたりまで上糸をひっぱる．ここまできたとき，上糸はつめから離れ，上へ向かう針の動きによってひっぱられる．そして最後には，図の (d) に示すように，上糸が絞られて一目分の縫目ができる．

図の (c) の位置で上糸が離れたあと，つめは逆方向に回転し，(a) の位置までもどる．そして，そのとき同時に，針が下へ降りてきて，次の縫目を作る動作が始まる．ミシンは，これをくり返すことによって，縫っていくわけである．

さて，図 3.16 の (a) から (d) までの一連の動きによって，上糸の輪が，まるで縄跳びの縄のように，下糸をボビンケースごと 1 周する．これによって，図 3.15 と等価なことを行っている．すなわち，下糸の糸巻きが動いて上糸をくぐるかわりに，上糸の輪がその周りを 1 周して，輪の中に下糸をくぐらせているわけである．

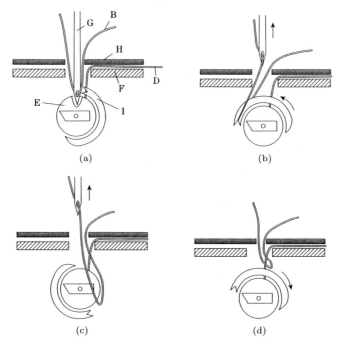

図 3.16 ミシンの上糸と下糸がからむ様子

でも，どうしてくぐることができるのだろうか．何回も言うように，ボビンケースは宙に浮いているわけではない．ミシン台の下のシリンダー型のくぼみの中に納まっている．

でも実は上糸は，このシリンダー形のくぼみの壁とボビンケースとのすき間を，摩擦に逆らってくぐり抜ける．それによって，あたかもボビンケースが宙に浮いているかのように振舞うことができるのである．

とは言っても，ただ強引に摩擦に逆らってひっぱるわけではない．糸に力がかからないように摩擦を減らす工夫が，きめ細かく施されている．その機構の細部に立ち入ることはこの本の目的をはずれるからやめておくが，興味のある読者は，是非一度，ミシン台の下をのぞいてみていただきたい．

ミシンという名前は machine（機械）から来ているが，確かに「これぞ機械」と言いたくなる気持ちもわかる．

演習問題

3.1 図 3.17 (a),(b) の図式で表される結び目の結び目群を,定理 3.1 を使って求めよ.

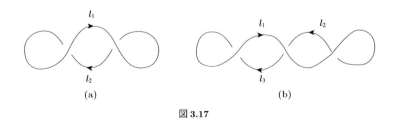

図 3.17

3.2 図 3.10 に示した女性が,左手もワンピースのポケットに手を入れて布地をしっかりつかんだとしたら,腕に通したロープははずせるか.

4

複　体

　ここでは，複体とよばれる特別な構造をもった図形について考える．複体とは，点・線分・三角形・四面体などの基本図形を敷き詰めてできる図形である．基本図形の敷き詰められ方を手がかりとすることによって，図形の位相構造を詳しく調べることができるようになる．たとえば，二つのループが互いにホモトープか否かを判定する手続きを手に入れることができる．また，ここで導入する複体は，次章でホモロジー理論を展開するための基本的道具としても活躍する．

4.1　単体と複体

(1) アフィン結合と凸結合

　$a_1, a_2, \cdots, a_r$ を，n 次元空間 $\mathbf{R}^n$ における r 個の点とする．また $\lambda_1, \lambda_2, \cdots, \lambda_r$ を

$$\lambda_1 + \lambda_2 + \cdots + \lambda_r = 1 \tag{4.1}$$

を満たす r 個の実数とする．このとき，$\lambda_1, \lambda_2, \cdots, \lambda_r$ を係数とする $a_1, a_2, \cdots, a_r$ の一次結合

$$a = \lambda_1 a_1 + \lambda_2 a_2 + \cdots + \lambda_r a_r \tag{4.2}$$

を，$a_1, a_2, \cdots, a_r$ の**アフィン結合** (affine combination) という．

　このアフィン結合は，「点に実数をかけて和をとる」というものであり，初めて見る人には，無意味に見えるかもしれない．しかし，これには明確な意味がある．このことを見るために，まずは，式 (4.2) の両辺の「点」の記号を，その

点の「位置ベクトル」の記号と読みかえてみよう．そうすれば「実数をかけて和をとる」ことは意味をもつ．すなわち点 a の位置ベクトルを $\boldsymbol{a}$，点 a_i の位置ベクトルを $\boldsymbol{a}_i$ とおいて，

$$\boldsymbol{a} = \lambda_1 \boldsymbol{a}_1 + \lambda_2 \boldsymbol{a}_2 + \cdots + \lambda_r \boldsymbol{a}_r \tag{4.3}$$

という式を作る．そして，式 (4.2) は式 (4.3) を表すとみなすのである．

まず，$r = 2, a_1 \neq a_2$ の場合を考えよう．このとき，式 (4.3) は

$$\boldsymbol{a} = \lambda_1 \boldsymbol{a}_1 + \lambda_2 \boldsymbol{a}_2 = \lambda_1 \boldsymbol{a}_1 + (1 - \lambda_1) \boldsymbol{a}_2 \tag{4.4}$$

であり，これは

$$\boldsymbol{a} - \boldsymbol{a}_2 = \lambda_1 (\boldsymbol{a}_1 - \boldsymbol{a}_2) \tag{4.5}$$

と変形できる．この式は，ベクトル $\overrightarrow{a_2 a}$ がベクトル $\overrightarrow{a_2 a_1}$ と平行であることを表している．すなわち，図 4.1 に示すように，点 a は，a_1 と a_2 を通る直線上で，a_1 と a_2 までの距離の比が $1 - \lambda_1 : \lambda_1$ となる点である．特に $0 < \lambda < 1$ ならば a_1 と a_2 を内分する点であり，$\lambda < 0$ または $\lambda > 1$ ならば，a_1 と a_2 を外分する点である．

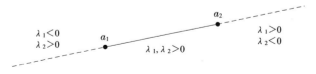

図 **4.1** 2 点のアフィン結合

次に，$r = 3$ で，a_1, a_2, a_3 が同一直線上にはない場合を考えよう．このとき，式 (4.3) は

$$\boldsymbol{a} = \lambda_1 \boldsymbol{a}_1 + \lambda_2 \boldsymbol{a}_2 + \lambda_3 \boldsymbol{a}_3 = \lambda_1 \boldsymbol{a}_1 + \lambda_2 \boldsymbol{a}_2 + (1 - \lambda_1 - \lambda_2) \boldsymbol{a}_3 \tag{4.6}$$

であり，これは

$$\boldsymbol{a} - \boldsymbol{a}_3 = \lambda_1 (\boldsymbol{a}_1 - \boldsymbol{a}_3) + \lambda_2 (\boldsymbol{a}_2 - \boldsymbol{a}_3) \tag{4.7}$$

と変形できる．この式は，ベクトル $\overrightarrow{a_3 a}$ が，ベクトル $\overrightarrow{a_3 a_1}$ とベクトル $\overrightarrow{a_3 a_2}$ が張る平面に含まれることを表している．したがって，点 a は，点 a_1, a_2, a_3

4.1 単体と複体

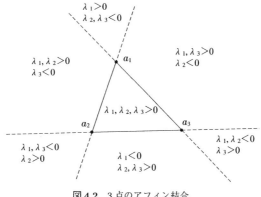

図 4.2　3 点のアフィン結合

を通る平面に含まれる．この平面は，図 4.2 に示すように，a_1 と a_2 を通る直線，a_2 と a_3 を通る直線，a_3 と a_1 を通る直線によって 7 つの領域に分かれるが，$\lambda_1, \lambda_2, \lambda_3$ の符号によって点 a がどの領域に含まれるかが決まる．特に $\lambda_1, \lambda_2, \lambda_3 > 0$ のときには，a は三角形 $a_1 a_2 a_3$ の内部の点となる．

さて，式 (4.3) の右辺のように，点を位置ベクトルで表し，それに実数をかけて和をとった結果は一つのベクトルとなるが，このベクトルは，一般に座標系の原点のとり方に依存する．原点を別の場所にとると，和をとった結果のベクトルも変わる．したがって，式 (4.3) を単独で考えた場合には，普遍的な意味はもたない．

一方，上の簡単な例で見たように，2 点のアフィン結合や 3 点のアフィン結合で決まる点は，座標系の原点のとり方とは無関係に，それらの点のみから決まる明確な意味をもつ．なぜこのように明確な意味をもつことができるのかというと，係数 $\lambda_1, \lambda_2, \cdots, \lambda_r$ の間に式 (4.1) の条件が課せられているからである．

式 (4.1) が成り立つときに，式 (4.3) の右辺が原点の選び方によらないことは，次のようにして確かめることができる．原点を o とする．このとき点 a_i の位置ベクトルは $\boldsymbol{a}_i = \overrightarrow{oa_i}$ となる．したがって，式 (4.3) は

$$\overrightarrow{oa} = \sum_{i=1}^{r} \lambda_i \overrightarrow{oa_i} \tag{4.8}$$

と書ける．図 4.3 に示すように，o とは異なるもう一つの原点を o′ としよう．

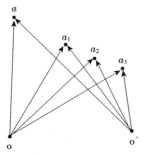

図 4.3 原点の変更による位置ベクトルの変化

$\overrightarrow{oa_i} = \overrightarrow{oo'} + \overrightarrow{o'a_i}$ と書けるから，式 (4.8) の右辺は次のように変形できる：

$$\sum_{i=1}^{r} \lambda_i \overrightarrow{oa_i} = \sum_{i=1}^{r} \lambda_i (\overrightarrow{oo'} + \overrightarrow{o'a_i}) = \left(\sum_{i=1}^{r} \lambda_i\right) \overrightarrow{oo'} + \sum_{i=1}^{r} \lambda_i \overrightarrow{o'a_i}$$
$$= \sum_{i=1}^{r} \lambda_i \overrightarrow{o'a_i} + \overrightarrow{oo'}. \tag{4.9}$$

一方，式 (4.8) の左辺は次のように変形できる：

$$\overrightarrow{oa} = \overrightarrow{oo'} + \overrightarrow{o'a}. \tag{4.10}$$

式 (4.9) と (4.10) より

$$\overrightarrow{o'a} = \sum_{i=1}^{r} \lambda_i \overrightarrow{o'a_i} \tag{4.11}$$

が得られる．式 (4.8) と式 (4.11) を見比べると，原点が o であっても o' であっても，これらの式の右辺で表される位置ベクトルの和は，同じ点 a を表すことがわかる．

このように，係数が式 (4.1) を満たすときには，それらをかけた位置ベクトルの和は，原点のとり方によらない固有の点を表す．したがって，式 (4.2) に示すように，位置ベクトルではなく，「点自身に係数をかけて加えたもの」が立派な意味をもつのである．だから，式 (4.2) のアフィン結合で表される a も，一つの点をあいまい性なく定めているのである．

係数 $\lambda_1, \lambda_2, \cdots, \lambda_r$ が，式 (4.1) に加えて

$$\lambda_1, \lambda_2, \cdots, \lambda_r \geq 0 \tag{4.12}$$

も満たすとき，式 (4.12) のアフィン結合を特に**凸結合** (convex combination) という．

図 4.1, 図 4.2 からわかるように，2 点の凸結合は，その 2 点を結ぶ線分上の点を表し，3 点の凸結合は，それらの 3 点を頂点とする三角形に含まれる点を表す．同様にして，同一平面上にはない 4 点の凸結合は，それらの 4 点を頂点とする四面体に含まれる点を表す．$r = 1, 2, 3, 4$ の場合に，凸結合で表される点全体がなす図形を，図 4.4 にまとめた．

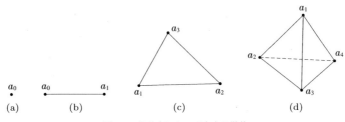

図 4.4 凸結合によって定まる単体

(2) 単体と複体

$a_0, a_1, \cdots, a_r$ を n 次元空間 $\mathbf{R}^n$ に置かれた $r+1$ 個の点で，すべてが $r-1$ 次元以下の部分空間に含まれることはないものとする．と，一般的に表現したが，具体的には，$\mathbf{R}^3$ における異なる 2 点 a_0, a_1 ($r = 1$ の場合)，または同一直線上にはない 3 点 a_0, a_1, a_2 ($r = 2$ の場合)，または同一平面上にはない 4 点 a_0, a_1, a_2, a_3 ($r = 3$ の場合) を思い浮かべれば十分である．これらの $r+1$ 個の点の凸結合で表し得る点全体の集合

$$\left\{ \sum_{i=0}^{r} \lambda_i a_i \;\middle|\; \sum_{i=0}^{r} \lambda_i = 1, \; \lambda_0, \lambda_1, \cdots, \lambda_r \geq 0 \right\} \tag{4.13}$$

を，$a_0, a_1, \cdots, a_r$ によって生成される **r 次元単体** (r-dimensional simplex) といい，$\triangle^r = |a_0 a_1 \cdots a_r|$ で表す．0 次元単体は点を表し，1 次元単体は線分を表し，2 次元単体は三角形を表し，3 次元単体は四面体を表す．

r 次元単体 $\triangle^r = |a_0 a_1 \cdots a_r|$ に対して，$a_0, a_1, \cdots, a_r$ から任意の $s+1$ 個の点を選んだとき，この $s+1$ 個の点によって生成される単体を $\triangle^r$ の**面** (face)

といい，s をこの面の**次元** (dimension) という．

次に複体を定義する．これは，単体を面と面で貼り合わせてできる図形のうち，特に性質のよいものである．

定義 4.1 (複体)　有限個の単体の集合 K が次の二つの性質 (i), (ii) を満たすとき，K を**複体** (complex) という．

(i) $\triangle^r \in K$ なら，$\triangle^r$ のすべての面 $\triangle^s$ も K に属す．

(ii) $\triangle_1, \triangle_2 \in K$ なら，$\triangle_1 \cap \triangle_2$ は $\triangle_1$ と $\triangle_2$ の共通の面であるか，あるいは空集合である．

K に属す単体の次元の最大値を，この複体の**次元** (dimension) とよび，$\dim(K)$ で表す．

この定義の中の性質 (ii) の意味を確かめるために，図 4.5 の例を見てみよう．これらの例では，図に描かれている三角形とそれらのすべての面――すなわち辺と頂点――からなる集合を考える．この図の (a) は複体ではない．なぜなら，ここに描かれている二つの三角形（2 次元単体）の共通部分は，どちらの三角形にとっても辺の一部であって辺自身（1 次元面）ではないからである．(b) も複体ではない．なぜなら，右側の大きな三角形と左側のどちらの三角形をとっても，それらの共通部分は右側の三角形の辺の一部であって辺自身ではないからである．一方，(c) は複体である．なぜならどの二つの三角形をとっても，その共通部分は両者に共通の辺（1 次元面）または頂点（0 次元面）だからである．(d) も同様に複体である．この (d) の例のように，三角形で敷き詰められてできる二つ以上の領域が 1 点のみで接続されていたり，あるいは互いに離れてい

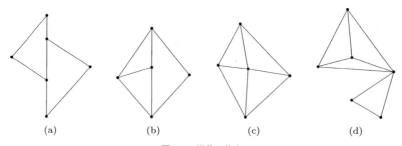

図 4.5　単体の集合

たりしていてもかまわない.

複体 K に対して,

$$|K| = \{x \mid x \in \triangle^r \in K\} \tag{4.14}$$

とおく. すなわち, $|K|$ は, K に属すいずれかの単体に含まれる点をすべて集めてできる集合である.

図形の位相構造を調べたいという私たちの本来の目的から言えば, まず点集合として表された図形 $|K|$ があって, それを単体の集合へ分割して複体 K を得るのである. 私たちのターゲットはあくまでも図形 $|K|$ であって, 複体 K はそれを調べるための一つの手段に過ぎない.

(3) 単体写像による位相同型性の判定

複体 K に属すすべての 0 次元単体 (すなわち頂点) の集合を $\widehat{K}$ で表す.

定義 4.2 (単体写像) K と L を複体とし, f を $\widehat{K}$ から $\widehat{L}$ への写像とする. 任意の単体 $|a_0 a_1 \cdots a_r| \in K$ に対して, $|f(a_0)f(a_1)\cdots f(a_r)| \in L$ が満たされるとき, f を**単体写像** (simplicial map) という.

写像 $f: \widehat{K} \to \widehat{L}$ を単体写像とする. f は, 頂点を頂点へ移す写像として定義されるが, 単体を単体へ移す写像に拡張できる. すなわち, $\triangle^r = |a_0 a_1 \cdots a_r| \in K$ に対して, $f(\triangle^r) = |f(a_0)f(a_1)\cdots f(a_r)| \in L$ とみなす. そして f を K から L への写像と考える. したがって, 以下では単体写像 $f: \widehat{K} \to \widehat{L}$ を単体写像 $f: K \to L$ とも書く.

定義 4.3 (単体同型写像) 単体写像 $f: K \to L$ が全単射のとき, f を**単体同型写像**という. K から L への単体同型写像が存在するとき, K と L は**単体同型**であるといい, $K \cong L$ と書く.

複体は, 単体という "部品" を組み合わせて作った図形である. ただし部品の組合せ方に, 定義 4.1 の (ii) のルール——すなわち,「面と面が一致するように組み合わせる」というルール——が課せられている. 写像 $f: \widehat{K} \to \widehat{L}$ が単体同型写像であるということは, K と L に属す同じ次元の単体の間に 1 対 1

対応があって，K における単体の組合せ方と L における対応する単体の組合せ方が同じであることを意味する．対応するそれぞれの単体の形は異なっても，同じ次元の単体は，連続な変形で互いに移り合える．実際，頂点の位置を連続に動かせば，それに伴って単体も連続に変形する．したがって，K と L が単体同型であるということは，対応する単体同士が移り合うように，K から L へ連続な変形ができるということである．すなわち，次の定理が成り立つ．

定理 4.1 二つの複体 K と L が単体同型なら，二つの図形 $|K|$ と $|L|$ は位相同型である．

この定理を用いると，曲線や曲面を含まない図形に対しては，位相同型性を簡単に判定できる場合が多い．

図 4.6 (a) は，正方形の頂点および辺上に 9 個の点 $a_1, a_2, \cdots, a_9$ を設けて三角形に分割したもので，これらの三角形およびそのすべての面の集合は複体をなす．この複体を K とおこう．$|K|$ はもとの正方形である．一方，同図の (b) は「コ」の字形の領域をやはり 9 個の頂点 $b_1, b_2, \cdots, b_9$ を使って三角形に分割したもので，これも複体をなす．この複体を L とおく．頂点集合 $\widehat{K}$ から頂点集合 $\widehat{L}$ への写像 f を，$f(a_i) = b_i$，$i = 1, 2, \cdots, 9$，と定める．

f は，全単射で，かつ K の単体を L の単体へ移すから，単体写像である（実際に，単体 $|a_1 a_2 a_9| \in K$ に対して，$|f(a_1)f(a_2)f(a_9)| = |b_1 b_2 b_9| \in L$ であり，同様に K の他の単体も L の単体へ移る）．

図 4.6 (a) の正方形領域 $|K|$ と，同図 (b) の「コ」の字形領域 $|L|$ が位相同型

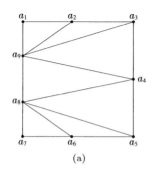 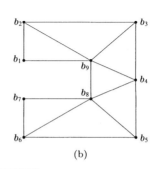

図 4.6 単体同型写像

であることを，第 1 章の定義に基づいて確かめようとすると，$|K|$ と $|L|$ の間に連続な全単射を作らなければならないが，これはそれほど簡単ではない．しかし，定理 4.1 を利用すれば，上で見たように位相同型であることを比較的簡単に確かめることができる．これが複体という構造を用いる利点の一つである．

4.2 複体の折れ線群

複体の構造を利用すると，二つの図形の間の位相同型写像のかわりに単体同型写像を作ることによって，位相同型であることの確認ができた．しかし，複雑な図形の間の単体同型写像を作ること——すなわち単体同型写像が存在するように図形を複体に分割すること——はそれほど容易ではない．したがって，やはり，ホモトピー理論や次章で学ぶホモロジー理論に頼らざるを得ない．しかし，そのときにも，複体の構造は大いに役に立つ．ここでは，複体を利用すると基本群の計算が容易になることを見てみよう．

(1) 折れ線

K を n 次元複体とする．K の 1 次元単体（すなわち線分）の列

$$\triangle_1 = |a_0 a_1|, \ \triangle_2 = |a_1 a_2|, \ \cdots, \ \triangle_k = |a_{k-1} a_k| \tag{4.15}$$

を K 上の**折れ線** (polygonal line) といい，この折れ線を $\Gamma = \ell(a_0 a_1 \cdots a_k)$ と書く．a_0 をこの折れ線の**始点** (start point) といい，a_k を**終点** (end point) という．

複体 K 上の二つの折れ線 $\Gamma = \ell(a_0 a_1 \cdots a_k), \Gamma' = \ell(b_0 b_1 \cdots b_m)$ において $a_k = b_0$ のとき，Γ のあとに Γ' をつないでできる折れ線を

$$\Gamma \cdot \Gamma' = \ell(a_0 a_1 \cdots a_k b_1 b_2 \cdots b_m) \tag{4.16}$$

とおく．$\Gamma \cdot \Gamma'$ を Γ と Γ' の**積**という．

(2) 折れ線の初等変形

複体 K における折れ線は，図形 $|K|$ における道でもある．したがって，二つの折れ線が，道として互いにホモトープか否かを論じることができる．この

議論が，複体の構造のおかげで非常に単純になることも，複体を考える利点の一つである．互いにホモトープな折れ線の間の連続な変形は，一つ一つの辺または三角形ごとの変形に分解して考えることができる．そのための基本的道具が，次に述べる初等変形という概念である．

複体 K 上の折れ線 Γ から折れ線 Γ' を作る次の (i), (ii), (iii), (iv) の操作およびその逆の操作を，折れ線の**初等変形**という．

操作 (i) $\Gamma = \ell(a_0 a_1 \cdots a_i a_{i+1} a_{i+2} \cdots a_k)$ において $a_{i+2} = a_i$ のとき，$\Gamma' = (a_0 a_1 \cdots a_i a_{i+3} \cdots a_k)$ とおく．$a_{i+2} = a_i$ であるから，図 4.7 (a) に示すように，$|a_i a_{i+1}|$ と $|a_{i+1} a_{i+2}|$ は同じ線分である．すなわち，道 Γ では，a_i と a_{i+1} の間を往復している．この往復部分を，図 4.7 (b) に示すように取り除く操作が，Γ から Γ' への変形である．このとき，Γ と Γ' が互いにホモトープであることは明らかであろう．

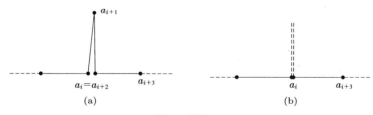

図 4.7　操作 (i)

操作 (ii) $\Gamma = \ell(a_0 a_1 \cdots a_i a_{i+1} a_{i+2} \cdots a_k)$ において a_i, a_{i+1}, a_{i+2} が互いに異なる点で，$|a_i a_{i+1} a_{i+2}|$ が K に属す 2 次元単体であるとき，$\Gamma' = \ell(a_0 a_1 \cdots a_i a_{i+2} \cdots a_k)$ とおく．これは，図 4.8 (a) に示すように，$|a_i a_{i+1}|$ と $|a_{i+1} a_{i+2}|$ が三角形の 2 辺となっている場合で，この 2 辺を他の 1 辺で置き換える操作が，Γ から Γ' への変形である．三角形の 2 辺からなる道を他の 1 辺からなる道へ移すことは，図 4.8 (b) に示すように，この三角形の中での道の連続な変形でできる．今，この三角形 $|a_i a_{i+1} a_{i+2}|$ は複体 K の要素であるから，Γ と Γ' は互いにホモトープである．

操作 (iii) $\Gamma = \ell(a_0 a_1 \cdots a_i a_{i+1} a_{i+2} a_{i+3} \cdots a_k)$ において $a_i = a_{i+3}$ であり，$|a_i a_{i+1} a_{i+2}|$ が K に属す 2 次元単体であるとき，$\Gamma' = \ell(a_0 a_1 \cdots$

4.2 複体の折れ線群

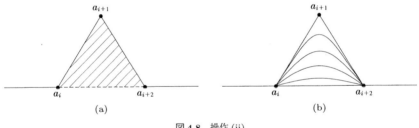

図 4.8 操作 (ii)

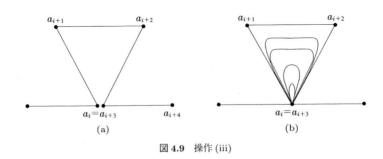

図 4.9 操作 (iii)

$a_i a_{i+4} \cdots a_k)$ とおく．この場合は，図 4.9 (a) に示すように，Γ は途中で三角形 $|a_i a_{i+1} a_{i+2}|$ を一周している．この三角形一周の部分を取り除く操作が，Γ から Γ' への変形である．図 4.9 (b) に示すように，三角形を一周するループはこの三角形の内部でのループの連続変形によって 1 点へ収縮できるから，Γ と Γ' は互いにホモトープである．

操作 (iv) $\Gamma = \ell(a_0 a_1 \cdots a_i a_{i+1} a_{i+2} \cdots a_k)$ において $a_i = a_{i+1}$ のとき，$\Gamma' = (a_0 a_1 \cdots a_i a_{i+2} \cdots a_k)$ とおく．この場合は，Γ において同じ点 $a_i = a_{i+1}$ がくり返されている．この重複を取り除く操作が，Γ から Γ' への変形である．このとき Γ と Γ' が互いにホモトープであることは明らかであろう．

これらの操作による初等変形で移り得る二つの折れ線は，互いにホモトープである．また，始点と終点の一致する二つの折れ線は，互いにホモトープならこれらの初等変形によって必ず一方から他方へ移ることができる．複体上の折れ線は有限個しかないから，二つの折れ線が互いにホモトープか否かは，有限ステップの手続きで判定することができる．このように，複体という構造は，折

れ線で表された道を，ホモトピー同値類に分類する手段を与える．

<u>念のために</u> 初等変形の操作 (ii), (iii) において 2 次元単体 $|a_i a_{i+1} a_{i+2}|$ が K に属さなければならないという条件は重要である．なぜなら，ホモトープな道の間の連続な変形は，図形 $|K|$ の内部で行わなければならないからである．もし三角形 $|a_i a_{i+1} a_{i+2}|$ が複体 K の要素でなければ，図形 $|K|$ ではこの三角形の部分が穴となっており，そこを通して道を連続に変形することはできないのである．たとえば，図 4.10 の灰色部分で表される領域がこの図のように三角形に分割されて，複体 K を形づくっているとしよう．この複体においては，三角形 $|a_2 a_3 a_4|$ は，図形 $|K|$ には属さない「穴」である．このとき $\Gamma = \ell(a_1 a_2 a_3 a_4 a_5 a_6 a_1)$ は a_1 を基点とするループである．ここで，三角形 $|a_2 a_3 a_4|$ は K には属さない「穴」であるから，操作 (ii) によって $\Gamma' = \ell(a_1 a_2 a_4 a_5 a_6 a_1)$ とすることは許されない．実際，穴を横切る変形では，ループのホモトープ性は保たれない．

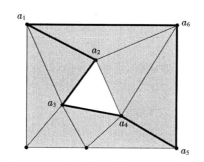

図 4.10　穴のあいた位相空間における初等変形

(3) 折れ線群

複体 K 上の二つの折れ線 $\Gamma = \ell(a_0 a_1 \cdots a_k), \Gamma' = \ell(b_0 b_1 \cdots b_m)$ が $a_0 = b_0, a_k = b_m$ を満たし，さらに初等変形をくり返すことによって Γ から Γ' へ移れるとき，Γ と Γ' は**組合せ的にホモトープ** (combinationally homotope) であるという．

組合せ的にホモトープであるという関係は，始点と終点がともに a_0 である折れ線だけを対象とすると，それらの間の同値関係である．したがってホモトピー同値類の場合と同じように，この同値関係による同値類も群をなす．この

群を K の**折れ線群**とよび，$\pi_1(K; a_0)$ で表す．

作り方からほぼ明らかであると思うが，次の定理が成り立つ．

定理 4.2 複体 K と点 $a_0 \in K$ に対して，図形 $|K|$ の基本群 $\pi_1(|K|; a_0)$ と折れ線群 $\pi_1(K; a_0)$ は同型である． ∎

したがって，基本群 $\pi_1(|K|; a_0)$ を計算したかったら，折れ線群 $\pi_1(K; a_0)$ を計算すればよい．

このように，位相空間を単体に分割して複体を構成することは，基本群の計算にも役立つのである．

演習問題

4.1 次の図形を，できるだけ少数の単体へ分割して複体を構成せよ．

(1) 凸 n 角形，　　(2) 凸 n 角錐，　　(3) 立方体

4.2 正三角形と正方形を，互いに単体同型となるような複体へ分割せよ．

4.3 $a_1 = (-1, 0), a_2 = (0, 1), a_3 = (1, 0)$ とおく．単体 $\triangle = |a_1 a_2 a_3|$ 上の折れ線 $\Gamma = \ell(a_1 a_2 a_3)$ は

$$c_1(t) = \begin{cases} (2t-1, 2t) & (0 \leq t \leq 1/2), \\ (2t-1, 2-2t) & (1/2 < t \leq 1) \end{cases}$$

と表すことができ，折れ線 $\Gamma' = \ell(a_1 a_3)$ は

$$c_2(t) = (2t-1, 0) \qquad (0 \leq t \leq 1)$$

と表すことができる．$\triangle$ において，c_1 と c_2 の間のホモトピーを，次の (1) または (2) の方針で構成せよ．

(1) $0 \leq s \leq 1$ を満たす各 s に対して，図 4.11 (a) に示すように，まず点 a_1 から点 $(-s, 1-s)$ へまっすぐ進み，次にそこから点 $(s, 1-s)$ までまっすぐ進み，最後にそこから点 a_3 までまっすぐ進む道 $F(s, t)$ を作る．

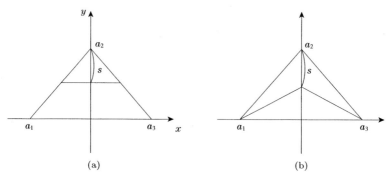

図 4.11 初等変形に対応するホモトピー

(2) $0 \leq s \leq 1$ を満たす各 s に対して，図 4.11 (b) に示すように，まず点 a_1 から点 $(0, s)$ へまっすぐ進み，次にそこから点 a_3 へまっすぐに進む道 $F(s, t)$ を作る．

5

ホモロジー

　この章では，ホモトピーと並んで代表的なもう一つの位相不変量であるホモロジーについて学ぶ．ホモトピーが，位相空間の中のループの種類を数え上げる理論であったのに対して，ホモロジーは，ループのうち位相空間を二つの部分に分離しないものを数え上げる理論である．この理論を展開するときにも，複体の構造が非常に重要な役割を演じることになる．

5.1　複体の鎖群とその部分群

(1) 有向単体

　n 次元単体 $\sigma = |a_0 a_1 \cdots a_n|$ に対して，その $n+1$ 個の頂点 $a_0, a_1, \cdots, a_n$ をいろいろな順序で並べた列

$$(a_{i_0}, a_{i_1}, \cdots, a_{i_n}) \tag{5.1}$$

の全体を A とおく．$(a_{i_0}, a_{i_1}, \cdots, a_{i_n})$ から $(a_{j_0}, a_{j_1}, \cdots, a_{j_n})$ への置換が偶置換のとき（すなわち，二つの要素だけを互いに入れ換えるという操作を偶数回行って得られる置換のとき），

$$(a_{i_0}, a_{i_1}, \cdots, a_{i_n}) \sim (a_{j_0}, a_{j_1}, \cdots, a_{j_n}) \tag{5.2}$$

と書くことにする．このとき，$\sim$ は A の中の同値関係である．この同値関係によって A の要素は二つの同値類に分割される．この同値類を**有向単体** (oriented simplex) という．$(a_{i_0}, a_{i_1}, \cdots, a_{i_n})$ が属す同値類を $\langle a_{i_0}, a_{i_1}, \cdots, a_{i_n} \rangle$ で表す．たとえば，1次元単体 $|a_0 a_1|$ に向きをもたせたものは，$\langle a_0 a_1 \rangle$ と $\langle a_1 a_0 \rangle$ の2種類

である．また，2次元単体 $|a_0a_1a_2|$ に向きをもたせると，$\langle a_0a_1a_2\rangle = \langle a_1a_2a_0\rangle = \langle a_2a_0a_1\rangle$ と $\langle a_2a_1a_0\rangle = \langle a_1a_0a_2\rangle = \langle a_0a_2a_1\rangle$ の2種類が得られる．3次元単体 $\sigma = |a_0a_1a_2a_3|$ に対しては，$\langle a_0a_1a_2a_3\rangle = \langle a_1a_2a_0a_3\rangle = \langle a_3a_2a_1a_0\rangle = \cdots$ と，$\langle a_1a_0a_2a_3\rangle = \langle a_1a_2a_3a_0\rangle = \cdots$ の二つの有向単体が得られる．

単体 $\sigma = |a_0a_1\cdots a_n|$ に対して，有向単体は二つあるが，その一方を $\langle\sigma\rangle$ で表し，もう一方を $-\langle\sigma\rangle$ で表す．

したがって，1次元単体 $\sigma = |a_0a_1|$ に対しては，$\langle\sigma\rangle = \langle a_0a_1\rangle$ とおけば $-\langle\sigma\rangle = \langle a_1a_0\rangle$ であり，$\langle\sigma\rangle = \langle a_1a_0\rangle$ とおけば $-\langle\sigma\rangle = \langle a_0a_1\rangle$ である．2次元単体 $\sigma = |a_0a_1a_2|$ に対しては，$\langle a_0a_1a_2\rangle = -\langle a_2a_1a_0\rangle$ などであり，3次元単体 $\sigma = |a_0a_1a_2a_3|$ に対しては，$\langle a_0a_1a_2a_3\rangle = -\langle a_1a_0a_2a_3\rangle$ などである．また0次元単体 $\sigma = |a_0|$ に対しては，置換が施せないから直接には二つの向きを指定できないが，$\langle a_0\rangle$ と $-\langle a_0\rangle$ を二つの有向単体とみなす．

(2) 鎖群

K を n 次元複体とし，K に含まれる r 次元単体を $\sigma_1{}^r, \sigma_2{}^r, \cdots, \sigma_m{}^r$ とする．各 $\sigma_i{}^r$ に対して，その二つの向きの一方を選んで固定し，その向きをもった有向単体を $\langle\sigma_i{}^r\rangle$ とおく．そして，それらの整数係数つきの和

$$c = \alpha_1\langle\sigma_1{}^r\rangle + \alpha_2\langle\sigma_2{}^r\rangle + \cdots + \alpha_m\langle\sigma_m{}^r\rangle$$
$$(\alpha_1, \alpha_2, \cdots, \alpha_m \in \mathbf{Z}) \tag{5.3}$$

を r 次元鎖 (chain) という．r 次元鎖の全体がなす集合を $C_r(K)$ で表す．

この c と，$C_r(K)$ に属すもう一つの要素

$$c' = \alpha_1{}'\langle\sigma_1{}^r\rangle + \alpha_2{}'\langle\sigma_2{}^r\rangle + \cdots + \alpha_m{}'\langle\sigma_m{}^r\rangle \tag{5.4}$$

に対して，$c+c'$ を

$$c+c' = (\alpha_1+\alpha_1{}')\langle\sigma_1{}^r\rangle + (\alpha_2+\alpha_2{}')\langle\sigma_2{}^r\rangle + \cdots + (\alpha_m+\alpha_m{}')\langle\sigma_m{}^r\rangle \tag{5.5}$$

と定義する．このとき $C_r(K)$ は，演算 $+$ に関して群となる．この群 $C_r(K)$ を，複体 K の r 次元**鎖群** (chain group) という．

式 (5.3) において，$\alpha_1 = \alpha_2 = \cdots = \alpha_m = 0$ とおいたものが，この鎖群の単位元である．また，式 (5.3) で表される元 c の逆元は

$$c^{-1} = -\alpha_1 \langle \sigma_1{}^r \rangle - \alpha_2 \langle \sigma_2{}^r \rangle - \cdots - \alpha_m \langle \sigma_m{}^r \rangle \tag{5.6}$$

である．

例 5.1 図 5.1 (a) に示す 5 本の線分（1 次元単体），およびそのすべての端点からなる複体を K としよう．すなわち

$$K = \{|a_1 a_2|, |a_2 a_3|, |a_3 a_4|, |a_1 a_4|, |a_2 a_4|, |a_1|, |a_2|, |a_3|, |a_4|\} \tag{5.7}$$

である．K に属する 1 次元単体は，5 本の線分である．これらの線分に，図 5.1 (b) に示すように，任意の向きを与えることによって，5 つの 1 次元有向単体が得られる．列 (a_i, a_j) と同じ向きをもった 1 次元有向単体を $\langle a_i a_j \rangle$ で表す．図 5.1 (b) の矢印のように向きを定めると，5 個の 1 次元有向単体

$$\langle a_1 a_2 \rangle, \langle a_2 a_3 \rangle, \langle a_1 a_4 \rangle, \langle a_4 a_2 \rangle, \langle a_3 a_4 \rangle \tag{5.8}$$

が得られる．これらに整数係数をかけて和をとったものの全体が，1 次元鎖群 $C_1(K)$ である．

向きをどのように選んでも，結果として得られる $C_1(K)$ は変わらないことに注意しよう．図 5.1 (b) の向きづけでは，たとえば向きをもった単体 $\langle a_1 a_2 \rangle$ が選ばれているが，これ自身が $C_1(K)$ に含まれるだけでなく，これに整数係数 -1 をかけた $-\langle a_1 a_2 \rangle$ も $C_1(K)$ に含まれる． ∎

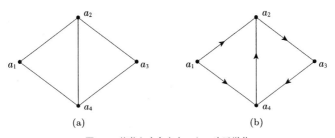

図 5.1　複体と向きをもった 1 次元単体

単体 K の次元が n のとき, $r > n$ に対して $C_r(K) = 0$ と定める. また $r < 0$ に対しても $C_r(K) = 0$ とする. これによって, すべての整数 $r = 0, \pm 1, \pm 2, \cdots$, に対して $C_r(K)$ が定義できたことになる. すべての r に対する $C_r(K)$ を集めたもの

$$C(K) = \{C_r(K) \mid r = 0, \pm 1, \pm 2, \cdots\} \tag{5.9}$$

を, K の**鎖群**という.

(3) 境界写像

r 次元有向単体 $\langle \sigma^r \rangle = \langle a_0 a_1 \cdots a_r \rangle$ に対して,

$$\begin{aligned}\partial_r \langle \sigma^r \rangle &= \partial_r \langle a_0 a_1 \cdots a_r \rangle \\ &= \sum_{i=0}^{r} (-1)^i \langle a_0 a_1 \cdots a_{i-1} \hat{a}_i a_{i+1} \cdots a_r \rangle \end{aligned} \tag{5.10}$$

とおく. ただし, $\hat{a}_i$ は a_i を除くことを意味する. この $\partial_r \langle \sigma^r \rangle$ を, $\langle \sigma^r \rangle$ の**境界** (boundary) という. $\partial_r \langle \sigma^r \rangle$ は, $C_{r-1}(K)$ の元である. 一般の r 次元鎖 $c = \sum_{i=1}^{m} \alpha_i \langle \sigma_i^r \rangle$ に対しては,

$$\partial_r(c) = \sum_{i=1}^{m} \alpha_i \partial_r \langle \sigma_i^r \rangle$$

と定義する. これによって ∂_r は $C_r(K)$ から $C_{r-1}(K)$ への写像となる. これを**境界写像**という.

写像 ∂_r が準同型写像であることを確認しておこう.

定理 5.1 複体 K に対する境界写像 $\partial_r : C_r(K) \to C_{r-1}(K)$ は準同型写像である.

証明 $C_r(K)$ の任意の二つの要素を $c = \sum_{i=1}^{m} \alpha_i \langle \sigma_i{}^r \rangle$, $c' = \sum_{i=1}^{m} \alpha_i{}' \langle \sigma_i{}^r \rangle$ とする. $c + c' = \sum_{i=1}^{m} (\alpha_i + \alpha_i{}') \langle \sigma_i{}^r \rangle$ だから

$$\begin{aligned}
\partial_r(c+c') &= \sum_{i=1}^{m}(\alpha_i + \alpha_i{}')\partial_r\langle\sigma_i{}^r\rangle \\
&= \sum_{i=1}^{m}\alpha_i\partial_r\langle\sigma_i{}^r\rangle + \sum_{i=1}^{m}\alpha_i{}'\partial_r\langle\sigma_i{}^r\rangle \\
&= \partial_r(c) + \partial_r(c') \end{aligned} \tag{5.11}$$

が得られる．すなわち，∂_r は準同型写像である．

境界写像は，次の重要な性質をもつ．

定理 5.2 複体 K の任意の r 次元鎖 $c \in C_r(K)$ に対して

$$\partial_{r-1}(\partial_r(c)) = 0 \tag{5.12}$$

である．

この定理が成り立つことは，次のようにして示すことができる．K の r 次元有向単体の一つを $\langle\sigma\rangle = \langle a_0 a_1 \cdots a_r\rangle$ とする．まず，この $\langle\sigma\rangle$ に対して $\partial_{r-1}\partial_r\langle\sigma\rangle = 0$ であることを示す．境界写像の定義から

$$\begin{aligned}
\partial_{r-1}&\partial_r(\langle a_0 a_1 \cdots a_r\rangle) \\
&= \partial_{r-1}\left(\sum_{i=0}^{r}(-1)^i\langle a_0 \cdots \hat{a}_i \cdots a_r\rangle\right) \\
&= \sum_{i=0}^{r}(-1)^i(\partial_{r-1}\langle a_0 \cdots \hat{a}_i \cdots a_r\rangle) \\
&= \sum_{i=0}^{r}(-1)^i\left(\sum_{j=0}^{i-1}(-1)^j\langle a_0 \cdots \hat{a}_j \cdots \hat{a}_i \cdots a_r\rangle\right. \\
&\qquad\qquad \left. + \sum_{j=i+1}^{r}(-1)^{j-1}\langle a_0 \cdots \hat{a}_i \cdots \hat{a}_j \cdots a_r\rangle\right) \\
&= \sum_{j<i}(-1)^{i+j}\langle a_0 \cdots \hat{a}_j \cdots \hat{a}_i \cdots a_r\rangle \\
&\qquad + \sum_{i<j}(-1)^{i+j-1}\langle a_0 \cdots \hat{a}_i \cdots \hat{a}_j \cdots a_r\rangle \end{aligned} \tag{5.13}$$

が成り立つ．$k < l$ を満たす k と l を一組み固定すると，この最後の式の第 1 項 $\sum_{j<i}$ において $j = k, i = l$ とおいたもの $(-1)^{k+l} \langle a_0 \cdots \hat{a}_k \cdots \hat{a}_l \cdots a_r \rangle$ と，第 2 項 $\sum_{i<j}$ において $i = k, j = l$ とおいたもの $(-1)^{k+l-1} \langle a_0 \cdots \hat{a}_k \cdots \hat{a}_l \cdots a_r \rangle$ が打ち消し合う．したがって，上の式は 0 となる．

一般の r 次元鎖

$$c = \alpha_1 \langle \sigma_1{}^r \rangle + \alpha_2 \langle \sigma_2{}^r \rangle + \cdots + \alpha_m \langle \sigma_m{}^r \rangle \tag{5.14}$$

に対しては

$$\partial_{r-1}\partial_r c = \alpha_1 \partial_{r-1}\partial_r \langle \sigma_1{}^r \rangle + \alpha_2 \partial_{r-1}\partial_r \langle \sigma_2{}^r \rangle + \cdots + \alpha_m \partial_{r-1}\partial_r \langle \sigma_m{}^r \rangle \tag{5.15}$$

と，それぞれの有向単体に境界写像を施すことに帰着できるから，上の議論がそのまま使えて，$\partial_{r-1}\partial_r c = 0$ が得られる．以上で，定理 5.2 が証明できた．

(4) 輪体群と境界輪体群

X と Y を二つの群とし，f を X から Y への写像とする．$a \in X$ が X 内を動くとき，その像 $f(a)$ 全体は Y の部分集合をなす．この部分集合を $\mathrm{Im}(f)$ で表す．すなわち

$$\mathrm{Im}(f) = \{f(a) \mid a \in X\} \tag{5.16}$$

である．また，Y の中には単位元とよばれる唯一の特別な元 0 が含まれているとする．このとき，f によって 0 へ移る X の要素全体は X の部分集合をなす．この部分集合を $\mathrm{Ker}(f)$ で表す．すなわち

$$\mathrm{Ker}(f) = \{a \in X \mid f(a) = 0\} \tag{5.17}$$

である．

境界写像 ∂_r は $C_r(K)$ から $C_{r-1}(K)$ への写像である．この写像で 0 へ移るもの全体がなす集合 $\mathrm{Ker}(\partial_r)$ を $Z_r(K)$ で表す．すなわち

$$Z_r(K) \equiv \mathrm{Ker}(\partial_r) = \{c \in C_r(K) \mid \partial_r c = 0\} \tag{5.18}$$

である．$Z_r(K)$ の元を r 次元輪体あるいは r 輪体 (r-cycle) という．

$c, c' \in Z_r(K)$ のとき，$\partial_r(c + c') = \partial_r c + \partial_r c' = 0 + 0 = 0$ だから $c + c' \in Z_r(K)$ である．したがって，$Z_r(K)$ は，鎖群 $C_r(K)$ の部分群となる．$Z_r(K)$ を K の r 次元輪体群 (cyclic group) という．

例 5.1 (つづきその 1) 図 5.1(b) に示した複体 K の例で 1 次元輪体群 $Z_1(K)$ を求めてみよう．1 次元鎖は一般に

$$c = \alpha_1 \langle a_1 a_2 \rangle + \alpha_2 \langle a_2 a_3 \rangle + \alpha_3 \langle a_3 a_4 \rangle + \alpha_4 \langle a_1 a_4 \rangle + \alpha_5 \langle a_4 a_2 \rangle \quad (5.19)$$

と書ける．これに境界写像を施すと，$\partial_1 \langle a_1 a_2 \rangle = \langle a_2 \rangle - \langle a_1 \rangle$ などであるから，

$$\begin{aligned}
\partial_1(c) &= \alpha_1(\langle a_2 \rangle - \langle a_1 \rangle) + \alpha_2(\langle a_3 \rangle - \langle a_2 \rangle) + \alpha_3(\langle a_4 \rangle - \langle a_3 \rangle) \\
&\quad + \alpha_4(\langle a_4 \rangle - \langle a_1 \rangle) + \alpha_5(\langle a_2 \rangle - \langle a_4 \rangle) \\
&= -(\alpha_1 + \alpha_4)\langle a_1 \rangle + (\alpha_1 - \alpha_2 + \alpha_5)\langle a_2 \rangle + (\alpha_2 - \alpha_3)\langle a_3 \rangle \\
&\quad + (\alpha_3 + \alpha_4 - \alpha_5)\langle a_4 \rangle \quad (5.20)
\end{aligned}$$

である．したがって，$\partial_1(c) = 0$ であるためには

$$\alpha_1 + \alpha_4 = 0, \ \alpha_1 - \alpha_2 + \alpha_5 = 0, \ \alpha_2 - \alpha_3 = 0, \ \alpha_3 + \alpha_4 - \alpha_5 = 0 \quad (5.21)$$

でなければならない．これらの式より，$\alpha_3, \alpha_4, \alpha_5$ が α_1 と α_2 を使って

$$\alpha_3 = \alpha_2, \quad \alpha_4 = -\alpha_1, \quad \alpha_5 = \alpha_2 - \alpha_1 \quad (5.22)$$

と書ける．したがって，c が 1 次元輪体であるためには

$$\begin{aligned}
c &= \alpha_1 \langle a_1 a_2 \rangle + \alpha_2 \langle a_2 a_3 \rangle + \alpha_2 \langle a_3 a_4 \rangle - \alpha_1 \langle a_1 a_4 \rangle + (\alpha_2 - \alpha_1)\langle a_4 a_2 \rangle \\
&= \alpha_1(\langle a_1 a_2 \rangle - \langle a_1 a_4 \rangle - \langle a_4 a_2 \rangle) + \alpha_2(\langle a_2 a_3 \rangle + \langle a_3 a_4 \rangle + \langle a_4 a_2 \rangle)
\end{aligned} \quad (5.23)$$

でなければならない．任意の整数 α_1, α_2 に対する上の形の式全体が，1 次元輪体群 $Z_1(K)$ をなす．この式の α_1 にかかっている部分は，図 5.1(b) の左側の三角形を時計回りに一周するループに対応していることがわかる．このとき，

ループと同じ向きをもつ有向単体 $\langle a_1 a_2 \rangle$ は係数 1 をもち，ループと逆向きの有向単体 $\langle a_1 a_4 \rangle, \langle a_4 a_2 \rangle$ は係数 -1 をもつ．同様に，この式の α_2 にかかっている部分は，右側の三角形を時計回りに一周するループに対応している．この例から，$Z_r(K)$ を"輪体群"とよぶわけが納得できるであろう．

境界写像 ∂_{r+1} は $C_{r+1}(K)$ から $C_r(K)$ への写像であるが，c が $C_{r+1}(K)$ 内を動くとき $\partial_{r+1}(c)$ 全体がなす集合 $\mathrm{Im}(\partial_{r+1})$ を $B_r(K)$ で表す．すなわち

$$B_r(K) \equiv \mathrm{Im}(\partial_{r+1})$$
$$= \{c \in C_r(K) \mid c = \partial_{r+1}(c') \text{ を満たす } c' \in C_{r+1}(K) \text{ が存在する}\} \quad (5.24)$$

である．$B_r(K)$ の元を **r 次元境界輪体**あるいは **r 境界輪体** (r-boundary) という．

$c, c' \in B_r(K)$ のとき，ある $d, d' \in C_{r+1}(K)$ に対して $c = \partial_{r+1}(d), c' = \partial_{r+1}(d')$ であるから

$$c + c' = \partial_{r+1}(d) + \partial_{r+1}(d') = \partial_{r+1}(d + d') \quad (5.25)$$

が成り立つ．すなわち $c + c' \in B_r(K)$ である．したがって，$B_r(K)$ も和に関して閉じており，$C_r(K)$ の部分群をなす．この群を，K の r 次元**境界輪体群** (boundary group) という．

例 5.1（つづきその 2） 図 5.1 (b) の複体 K の例をもう一度考えてみよう．この複体は 2 次元単体を含まないから $C_2(K) = 0$ である．したがって，$B_1(K) = 0$ である．一方，$B_0(K)$ は，任意の整数 $\alpha_1, \alpha_2, \alpha_3, \alpha_4, \alpha_5$ に対して

$$\partial_1(\alpha_1 \langle a_1 a_2 \rangle + \alpha_2 \langle a_2 a_3 \rangle + \alpha_3 \langle a_3 a_4 \rangle + \alpha_4 \langle a_1 a_4 \rangle + \alpha_5 \langle a_4 a_2 \rangle)$$
$$= -(\alpha_1 + \alpha_4)\langle a_1 \rangle + (\alpha_1 - \alpha_2 + \alpha_5)\langle a_2 \rangle + (\alpha_2 - \alpha_3)\langle a_3 \rangle$$
$$+ (\alpha_3 + \alpha_4 - \alpha_5)\langle a_4 \rangle \quad (5.26)$$

の形の 0 次元鎖全体がなす集合である．

$B_r(K)$ も $Z_r(K)$ も $C_r(K)$ の部分群であるが，定理 5.2 より

$$B_r(K) \subset Z_r(K) \subset C_r(K) \quad (5.27)$$

5.1 複体の鎖群とその部分群

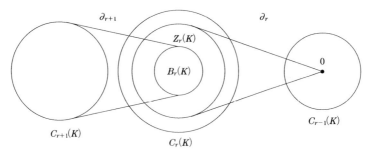

図 5.2 鎖群とその部分群

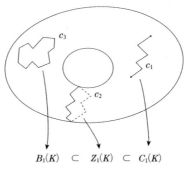

図 5.3 1 次元鎖と図形の対応

である．これらの群の関係を図 5.2 にまとめておこう．この関係が以降の議論の重要な出発点となる．

鎖群と図形との関係についての直観的な理解を助けるために，ここで 1 次元鎖のイメージについて述べておこう．係数がすべて 1 の 1 次元鎖

$$c = \langle a_0 a_1 \rangle + \langle a_1 a_2 \rangle + \cdots \langle a_{i-1} a_i \rangle \tag{5.28}$$

は，点 a_0 から点 a_i までの有向線分をつなげたもの——すなわち向きのついた折れ線——と解釈することができよう．特に $a_i = a_0$ ならばループとなる．このことを念頭において，トーラス面での折れ線から $C_1(K), Z_1(K), B_1(K)$ の代表的要素を選んで図示したのが，図 5.3 である．この図のように，単なる折れ線 c_1 は，$C_1(K)$ の要素ではあるが，$Z_1(K)$ や $B_1(K)$ に属すとは限らない．一方，c_2 や c_3 のようにループをなす折れ線は，境界写像の性質から $Z_1(K)$ に属す．さらに c_3 のように，このループに沿って切断するとトーラス面が二つの

部分に分離できるものが $B_1(K)$ に属す. なぜこのように分類できるかは, 境界写像の性質と後に見る例から次第に理解できるであろう. ここでは, こんな感じで鎖と図形を結びつけようとしているのだ, ということをわかってもらえれば十分である.

5.2 剰余群と加群

(1) 剰余群

ホモロジー理論を展開するために必要な, 群に関するいくつかの概念や性質を, ここでまとめておこう. その第一は "剰余群" という概念である.

$(G, \cdot)$ を群とする. G の単位元を e とする. 図 5.4(a) に示すように, G の部分集合 H に対して, $(H, \cdot)$ も群をなすとする. すなわち $(H, \cdot)$ は $(G, \cdot)$ の部分群である. $a \in G$ に対して, 集合 $a \cdot H, H \cdot b$ を

$$a \cdot H \equiv \{a \cdot b \mid b \in H\},$$
$$H \cdot a \equiv \{b \cdot a \mid b \in H\} \tag{5.29}$$

で定義する.

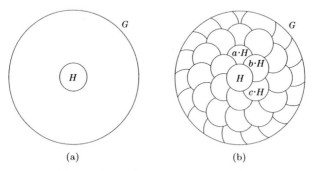

図 5.4 正規部分群 H によって得られる剰余群

以下では, 群の演算 $\cdot$ が明らかなときには, 群 $(G, \cdot)$ を群 G と略記する.

任意の $a \in G$ に対して, $a \cdot H \cdot a^{-1} \equiv H$ が成り立つとき, 部分群 H を群 G の**正規部分群** (normal subgroup) という.

5.2 剰余群と加群

H を群 G の正規部分群とする.$a, b \in G$ に対して,$a \cdot b^{-1} \in H$ が満たされるとき $a \sim b$ と書くことにする.このとき,関係 $\sim$ は同値関係であることが,次のようにして示せる.(i) まず,$a \cdot a^{-1} = e \in H$ であるから,$a \sim a$ である.(ii) 次に,$a \sim b$ とする.このとき $a \cdot b^{-1} \in H$ である.H は群であるから,$a \cdot b^{-1}$ の逆元も H に含まれる.すなわち $(a \cdot b^{-1})^{-1} = (b^{-1})^{-1} \cdot a^{-1} = b \cdot a^{-1} \in H$ である(演習問題 5.1 も参照).したがって,$b \sim a$ である.(iii) 最後に,$a \sim b$ かつ $b \sim c$ とする.このとき $a \cdot b^{-1}, b \cdot c^{-1} \in H$ である.したがって $H \ni (a \cdot b^{-1}) \cdot (b \cdot c^{-1}) = a \cdot (b^{-1} \cdot b) \cdot c^{-1} = a \cdot c^{-1}$ であるから $a \sim c$ である.以上の (i), (ii), (iii) より,$\sim$ が同値関係であることが示せた.

次の補助定理が成り立つ.

補助定理 5.1 $a, b, a', b' \in G$ が $a \sim a', b \sim b'$ を満たすとき,$a \cdot b \sim a' \cdot b'$ である.

証明 $a \sim a'$ であるから $a \cdot (a')^{-1} \in H$ である.同様に $b \sim b'$ であるから,$b \cdot (b')^{-1} \in H$ である.このとき,

$$(a \cdot b) \cdot (a' \cdot b')^{-1} = a \cdot b \cdot (b')^{-1} \cdot (a')^{-1}$$
$$\in a \cdot H \cdot (a')^{-1} = a \cdot H \cdot a^{-1} \cdot a \cdot (a')^{-1} = H \cdot a \cdot (a')^{-1} = H \quad (5.30)$$

が成り立つ.なぜなら,最初の等号は積の逆元の性質(演習問題 5.1)より,次の $\in$ 記号は $b \cdot (b')^{-1} \in H$ より,その次の等号は $a^{-1} \cdot a = e$ より,その次の等号は正規部分群の性質 $a \cdot H \cdot a^{-1} = H$ より,そして最後の等号は $a \cdot (a')^{-1} \in H$ より導けるからである.したがって $(a \cdot b) \cdot (a' \cdot b')^{-1} \in H$ であり,これは $a \cdot b \sim a' \cdot b'$ を意味する. ■

さて,図 5.4 (b) に示すように,G の要素は,同値関係 $\sim$ によって同値類に分割される.この同値類の集合を G/H で表す.$a \in G$ を含む同値類を $[a]$ で表す.

$$[a] = a \cdot H = \{a \cdot b \mid b \in H\} \quad (5.31)$$

である.

G には演算・が定義されているが，この演算は，同値類の間の演算に拡張することができる．すなわち $a, b \in G$ に対して，$[a] \cdot [b]$ を

$$[a] \cdot [b] = [a \cdot b] \tag{5.32}$$

で定義する．このように定義した演算が同値類 $[a], [b]$ の代表元 a, b の選び方によらないことが，補助定理 5.1 で保証されている．すなわち，a のかわりに a と同じ同値類に属す a' を選び，b のかわりに b と同じ同値類に属す b' を選んでも，補助定理 5.1 より $[a' \cdot b'] = [a \cdot b]$ であるから

$$[a'] \cdot [b'] = [a' \cdot b'] = [a \cdot b] = [a] \cdot [b] \tag{5.33}$$

が得られる．

このように，同値類集合 G/H にも演算・が導入できた．$(G, \cdot)$ が群であることから，同値類の間の演算・も群の性質を満たすことがわかる．したがって，G/H も群である．この群を，H による G の **剰余群** (quotient group) という．この結果を定理の形にまとめておこう．

定理 5.3 (剰余群) G を群，H を G の正規部分群とする．このとき同値類集合 G/H も群——これを剰余群という——となる．∎

この定理は，ホモロジー理論を構成するための基礎の一つとなる．

(2) 準同型定理

次に，群の基本的性質の一つである準同型定理について学ぶ．この定理は，この次に学ぶ加群という群の構造を調べるために役立つ．

図 5.5 に示すように，$(G, \cdot)$ と $(G', \cdot)$ を群とし，f を G から G' への準同型写像とする．ただし，準同型写像というのは，任意の $a, b \in G$ に対して

$$f(a \cdot b) = f(a) \cdot f(b) \tag{5.34}$$

が成り立つもののことであった．以下では，G の単位元を e，G' の単位元を e' とする．

5.2 剰余群と加群

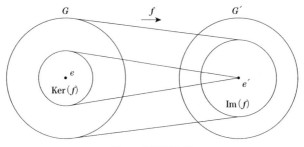

図 5.5 準同型定理

準同型写像 f によって G' の単位元 e' へ移る G の要素全体 $\mathrm{Ker}(f)$ は，G の部分群である．このことは次のようにして示せる．

演算 $\cdot$ が群の条件を満たすことは，$(G,\cdot)$ が群であることから保証されているから，$\mathrm{Ker}(f)$ が群であることを示すためには，$\mathrm{Ker}(f)$ が演算 $\cdot$ に関して閉じていること——すなわち，$a,b \in \mathrm{Ker}(f)$ なら $a\cdot b^{-1} \in \mathrm{Ker}(f)$ であること——を示せばよい．$a,b \in \mathrm{Ker}(f)$ とする．$\mathrm{Ker}(f)$ の定義から $f(a) = f(b)^{-1} = e'$ である．f は準同型だから $f(a\cdot b^{-1}) = f(a)\cdot f(b)^{-1} = e'\cdot e' = e'$ である．したがって $a\cdot b^{-1} \in \mathrm{Ker}(f)$ である．ゆえに $\mathrm{Ker}(f)$ は群であり，$\mathrm{Ker}(f) \subset G$ だから G の部分群である．

$\mathrm{Ker}(f)$ は G の部分群であることがわかったが，この部分群は正規部分群である．なぜなら，任意の $a \in G$ と $b \in \mathrm{Ker}(f)$ に対して $f(a\cdot b\cdot a^{-1}) = f(a)\cdot f(b)\cdot f(a^{-1}) = f(a)\cdot e'\cdot f(a^{-1}) = f(a)\cdot f(a^{-1}) = f(a\cdot a^{-1}) = f(e) = e'$ であるから $a\cdot b\cdot a^{-1} \in \mathrm{Ker}(f)$ であり，これは $a\cdot \mathrm{Ker}(f)\cdot a^{-1} = \mathrm{Ker}(f)$ を意味するからである（演習問題 5.3 を参照）．

したがって，剰余群 $G/\mathrm{Ker}(f)$ が得られる．この剰余群に対して，次の定理が成り立つ．

定理 5.4 (準同型定理) $f: G \to G'$ が準同型写像なら $G/\mathrm{Ker}(f)$ と $\mathrm{Im}(f)$ は同型である．すなわち，

$$G/\mathrm{Ker}(f) \cong \mathrm{Im}(f) \tag{5.35}$$

が成り立つ．

証明 f は G から G' への写像であるが，$a \in G$ に対して $f([a]) \equiv f(a)$ と定義すれば $G/\mathrm{Ker}(f)$ から G' への写像へ拡張できる．この $f: G/\mathrm{Ker}(f) \to G'$ も準同型写像である．なぜなら，$f([a]\cdot[b]) = f([a\cdot b]) = f(a\cdot b) = f(a)\cdot f(b) = f([a])\cdot f([b])$ が成り立つからである．したがって，上の定理を証明するためには，f が $G/\mathrm{Ker}(f)$ から $\mathrm{Im}(f)$ への全単射であることを示せばよい．f で移るもの全体を集めたのが $\mathrm{Im}(f)$ であるから，f が全射であることは明らかである．今，$a, b \in G, [a] \neq [b]$ に対して，$f([a]) = f([b])$ であったとしよう．このとき，$f(a) = f(b)$ であるから，$f(a) \cdot (f(b))^{-1} = e'$ である．この式の左辺は $f(a) \cdot (f(b))^{-1} = f(a) \cdot f(b^{-1}) = f(a \cdot b^{-1})$ と変形できる．すなわち $f(a \cdot b^{-1}) = e'$ であるから，$a \sim b$ であり，$[a] = [b]$ である．これは仮定に反する．したがって f は単射である． ∎

この準同型定理は，ホモロジー理論を構成する際の基本的道具の一つである．

(3) 自由加群

$(G, \cdot)$ を群とする．任意の $a, b \in G$ に対して $a \cdot b = b \cdot a$ が成り立つとき，G を加群または可換群またはアーベル群というのであった．加群であることを強調するために，今後は加群の場合の演算は・のかわりに + で表すことにする．また，演算が + であることが明らかなときには，加群 $(G, +)$ のことを加群 G と略記する．加群の単位元は 0 で表す．

加群 $(G, +)$ の m 個の要素 $u_1, u_2, \cdots, u_m$ に対して，G の任意の要素 a が，整数 $\alpha_1, \alpha_2, \cdots, \alpha_m$ を使って

$$a = \alpha_1 u_1 + \alpha_2 u_2 + \cdots + \alpha_m u_m \tag{5.36}$$

と表されるとき，G は $u_1, u_2, \cdots, u_m$ から**生成される**といい，$u_1, u_2, \cdots, u_m$ をこの加群の**基底** (basis) という．有限個の基底から生成される加群を**有限生成加群**という．特に，この表し方が一義的であるとき，$(G, +)$ を，$u_1, u_2, \cdots, u_m$ から生成される**自由加群** (free module) という．

上で a の表し方が一義的であるというのは，a を表すための整数係数の組 $(\alpha_1, \alpha_2, \cdots, \alpha_m)$ の選び方が一通りしかないという意味であるが，これは，言

5.2 剰余群と加群

い換えると，$u_1, u_2, \cdots, u_m$ の間に"ややこしい"関係は何もないという意味である．すなわち，どんなに巧妙に係数を選んで加えても，思いがけない要素が表せたりすることは全くなく，"見かけどおり"のものしか表せないという意味である．基底が"ややこしい"関係はもたないという意味で，互いに"自由"なのである．したがって，自由加群とは，見かけどおりの単純で素朴な加群であると思えばよい．

複体 K の鎖群 $C_r(K)$ は自由加群である．K の r 次元単体が $\sigma_1{}^r, \sigma_2{}^r, \cdots, \sigma_m{}^r$ のとき，有向単体の組 $\langle\sigma_1{}^r\rangle, \langle\sigma_2{}^r\rangle, \cdots, \langle\sigma_m{}^r\rangle$ が $C_r(K)$ の基底となる．

G が，ただ 1 個の基底 u から生成される自由加群のとき，整数 $\alpha_1, \alpha_2 \in \mathbf{Z}$ に対する G での和 $\alpha_1 u + \alpha_2 u = (\alpha_1 + \alpha_2)u$ は，整数集合 $\mathbf{Z}$ 内での和 $\alpha_1 + \alpha_2$ と 1 対 1 に対応する．したがって，自由加群 $(G, +)$ と，整数全体が和に関して作る群 $(\mathbf{Z}, +)$ ——これを整数加群という——とは同型である．

$G_1, G_2, \cdots, G_n$ を n 個の加群とする．各 G_i から一つずつ要素 $a_i \in G_i$ を取り出して並べたときできる列 $(a_1, a_2, \cdots, a_n)$ の全体がなす集合を S とおく．また，S の二つの要素 $(a_1, a_2, \cdots, a_n), (b_1, b_2, \cdots, b_n)$ の和を

$$(a_1, a_2, \cdots, a_n) + (b_1, b_2, \cdots, b_n) = (a_1 + b_1, a_2 + b_2, \cdots, a_n + b_n) \quad (5.37)$$

と定義する．このとき，S も加群となる．この加群を，$G_1, G_2, \cdots, G_n$ の**直和** (direct sum) といい，

$$G_1 \oplus G_2 \oplus \cdots \oplus G_n \quad (5.38)$$

と書く．

自由加群 G が基底 $u_1, u_2, \cdots, u_n$ から生成されている場合には，ただ 1 個の基底 u_i から生成される自由加群を G_i とおくと

$$G = G_1 \oplus G_2 \oplus \cdots \oplus G_n \quad (5.39)$$

が成り立つ．すなわち，2 個以上の要素を含む基底から生成される自由加群は，それ自身が自由加群の直和である．また，それぞれの自由加群 G_i は $(\mathbf{Z}, +)$ と同型であるから，結局

$$G \cong \mathbf{Z} \oplus \mathbf{Z} \oplus \cdots \oplus \mathbf{Z} \quad (5.40)$$

である．

自由加群の構造の単純さは，次の定理にも反映されている．

定理 5.5 有限生成自由加群の部分群は有限生成自由加群である．

証明 G を有限生成自由加群とし，H をその部分群とする．$u_1, u_2, \cdots, u_k$ を G の基底とする．証明には，基底の大きさ k に関する数学的帰納法を用いる．$k=1$ の場合には，H の要素は整数 n を用いて nu_1 と表すことができる．このような n のうち正の最小のものを q とおく．H の一般の要素 nu_1 に対して，$n = pq + r$，$0 \leq r < q$ を満たす整数 p, r が存在する．nu_1 も pqu_1 も H の元だから $nu_1 - pqu_1 = ru_1$ も H の元である．しかし，$r \neq 0$ なら q の最小性に反するから $r = 0$ である．すなわち，H の一般の要素は pqu_1 という形をとる．したがって，H は qu_1 を基底とする自由加群である．

次に，$k-1$ に対して定理で述べられている性質が成り立つと仮定する．$u_1, u_2, \cdots, u_k$ が G の基底だから，H の任意の要素は $c = \alpha_1 u_1 + \alpha_2 u_2 + \cdots + \alpha_k u_k$ と表すことができる．すべての要素 c に対して $\alpha_k = 0$ なら，基底の大きさが $k-1$ の場合に帰着できるから，H は自由加群である．そこで $\alpha_k \neq 0$ となる H の要素があるとしよう．そのような α_k の正の最小値を q_k とおき，それを実現する H の要素の一つを $d = q_1 u_1 + q_2 u_2 + \cdots + q_k u_k$ とおく．任意の $c = \alpha_1 u_1 + \alpha_2 u_2 + \cdots + \alpha_k u_k$ に対して，$\alpha_k = pq_k + r$，$0 \leq r < q_k$ を満たす整数 p, r が存在する．しかし，$c - d = (\alpha_1 - q_1)u_1 + (\alpha_2 - q_2)u_2 + \cdots + ru_k$ も H の元だから，q_k の選び方から $r = 0$ である．すなわち，任意の H の要素 c に対して，$\alpha_k u_k = p(q_k u_k)$ である．$q_k u_k = x_k$ とおく．このとき，$\alpha_k u_k = px_k$ と表すことができる．一方，帰納法の仮定から $\alpha_k = 0$ を満たす H の要素の全体は，大きさ $k-1$ の基底 $x_1, x_2, \cdots, x_{k-1}$ の自由加群である．したがって，H の任意の要素は $c = \beta_1 x_1 + \beta_2 x_2 + \cdots + \beta_{k-1} x_{k-1} + px_k$ の形に書けるから，H も有限生成自由加群である． ∎

自由加群の部分群はやはり自由加群となるというこの定理の主張は，自由加群の構造が驚くほど単純であることを意味している．たとえば，複体 K の鎖群 $C_r(K)$ は自由加群で，輪体群 $Z_r(K)$ や境界輪体群 $B_r(K)$ はその部分群で

ある．したがって，$Z_r(K)$ と $B_r(K)$ も自由加群である．

例 5.1 (つづきその 3) 図 5.2 (b) の複体 K に対する 1 次元輪体群 $Z_1(K)$ の任意の要素は，

$$c = \alpha_1(\langle a_1a_2\rangle - \langle a_1a_4\rangle - \langle a_4a_2\rangle) + \alpha_2(\langle a_2a_3\rangle + \langle a_3a_4\rangle + \langle a_4a_2\rangle) \quad (5.41)$$

と書けることをすでに見た．これは，$Z_1(K)$ が，二つの基底

$$\langle a_1a_2\rangle - \langle a_1a_4\rangle - \langle a_4a_2\rangle, \quad \langle a_2a_3\rangle + \langle a_3a_4\rangle + \langle a_4a_2\rangle \quad (5.42)$$

から生成される自由加群であることを表しており，確かに上の定理どおりである． ∎

(4) 加群の基本定理

次に自由加群とは限らない一般の加群の性質について調べよう．

加群 G の元 a に対して $a + a + \cdots + a = na = 0$ となる正整数 n が存在するとき，a を有限位数であるといい，そのような最小の正の n を a の**位数** (order) という．

a の位数が n ならば，$na = 0$ であるから，na は見かけとは違った"思いがけない"要素を表していることになる．したがって，単位元 0 以外の有限位数の要素を含む加群は，自由加群ではない．

整数 $z, z' \in \mathbf{Z}$ に対して，$z - z'$ が q で割り切れるとき，z と z' は q を法として**合同** (congruent) であるといい，

$$z \equiv z' \pmod{q} \quad (5.43)$$

と表す．「q を法として合同」という関係は，$\mathbf{Z}$ 内の同値関係である．これによる同値類の集合を $\mathbf{Z}_q$ で表す．$\mathbf{Z}_q$ は，$[0], [1], \cdots, [q-1]$ の q 個の同値類からなる．$\mathbf{Z}_q$ 内の演算 + を $[z] + [z'] = [z + z']$ と定義すると，$\mathbf{Z}_q$ は + に関して加群となる．$\mathbf{Z}_q$ を位数 q の**巡回群** (cyclic group) という．

$\mathbf{Z}_q$ と対比させて，整数加群 $\mathbf{Z}$ のことを，**位数無限大の巡回群**または**無限巡回群**とよぶこともある．

$\mathbf{Z}_q$ ではすべての元が有限位数である. $[0]$ は $\mathbf{Z}_q$ の単位元であるから, $[0] = 1 \cdot [0]$ であり, その位数は 1 である. $q \cdot [1] = [0]$ であるから, $[1]$ の位数は q である. 一般の要素 $[i] \in \mathbf{Z}_q$ の位数は, 次のように定まる. $[i] \in \mathbf{Z}_q$, $1 \le i \le q-1$, に対して, i と q の最大公約数を $\gcd(i,q)$ とおく ($\gcd$ は greatest common divisor の略である). このとき, $q = k \cdot \gcd(i,q)$ を満たす正整数 k が存在する. この k が, $[i]$ の位数である. 実際, $i = \ell \cdot \gcd(i,q)$ を満たす正整数 ℓ が存在するから, $k[i] = [k \cdot \ell \cdot \gcd(i,q)] = [q \cdot \ell] = [0]$ である.

加群の構造については, 次の定理が知られている.

定理 5.6 (加群の基本定理) 有限生成加群 G は,

$$G \cong \mathbf{Z} \oplus \mathbf{Z} \oplus \cdots \oplus \mathbf{Z} \oplus \mathbf{Z}_{q_1} \oplus \mathbf{Z}_{q_2} \oplus \cdots \oplus \mathbf{Z}_{q_s} \tag{5.44}$$

と一意に表すことができる. ただし, 各 q_i は q_{i+1} の約数である.

この定理の証明は少々めんどうなので, 厳密な証明は他書 (たとえば [ヴェルデン, 1960], [田村, 1972] など) にゆずることにして, 証明の道すじだけを紹介しよう. この証明には準同型定理を用いる.

G は有限生成加群なので, 有限個の基底 $u_1, u_2, \cdots, u_m$ をもつ. これと同じ個数の基底 $v_1, v_2, \cdots, v_m$ から生成される自由加群を G' とおく. G' は, m 個の整数加群 $\mathbf{Z}$ の直和と同型である:

$$G' \cong \mathbf{Z} \oplus \mathbf{Z} \oplus \cdots \oplus \mathbf{Z}. \tag{5.45}$$

ここで, G' から G への写像 f を

$$f(\alpha_1 v_1 + \alpha_2 v_2 + \cdots + \alpha_m v_m) = \alpha_1 u_1 + \alpha_2 u_2 + \cdots + \alpha_m u_m \tag{5.46}$$

で定義する. f は全射で, かつ準同型写像となる. したがって, 準同型定理より

$$G \cong G'/\mathrm{Ker}(f) \tag{5.47}$$

である.

5.2 剰余群と加群

一方，G' は有限生成自由加群で，$\mathrm{Ker}(f)$ はその部分群だから，定理 5.4 より $\mathrm{Ker}(f)$ も自由加群である．したがって，正の整数 $q_1, q_2, \cdots, q_s$ $(0 \leq s \leq m)$ をうまく選んで，$\mathrm{Ker}(f)$ の基底 $q_1 v_1, q_2 v_2, \cdots, q_s v_s, v_{s+1}, \cdots, v_m$ を作ることができる．まず簡単のために $m = 1$ の場合を考えよう．このとき，$s = 1$ の場合と $s = 0$ の場合に分かれる．$s = 1$ の場合には，v_1 が G' の基底で，$q_1 v_1$ が $\mathrm{Ker}(f)$ の基底だから，$G'/\mathrm{Ker}(f)$ は位数 q_1 の巡回群 $\mathbf{Z}_{q_1}$ となる．一方，$s = 0$ の場合には，$\mathrm{Ker}(f) = 0$ であり $G'/\mathrm{Ker}(f) = G' \cong \mathbf{Z}$ である．一般の m に対しても，同様のことがそれぞれの基底ごとに生じており，それらの直和が $G'/\mathrm{Ker}(f)$ となる．したがって

$$G \cong G'/\mathrm{Ker}(f) \cong \mathbf{Z}_{q_1} \oplus \mathbf{Z}_{q_2} \oplus \cdots \oplus \mathbf{Z}_{q_s} \oplus \mathbf{Z} \oplus \cdots \oplus \mathbf{Z} \tag{5.48}$$

である．これで，定理が主張している G の構造がほぼ得られたことになる．

あと残されているのは，各 i に対して q_i が q_{i+1} の約数であるという性質である．これを示すためには，基底のとり方を工夫しなければならない．$v_1, v_2, \cdots, v_m$ を G' の基底とし，$w_1, w_2, \cdots, w_t$ $(t \leq m)$ を $\mathrm{Ker}(f)$ の基底とする．各 w_i は G' の元でもあるから，ある整数の組 $a_{i1}, a_{i2}, \cdots, a_{im}$ を用いて

$$w_i = a_{i1} v_1 + a_{i2} v_2 + \cdots + a_{im} v_m \quad (i = 1, 2, \cdots, t) \tag{5.49}$$

と表される．係数 a_{ij} $(i = 1, 2, \cdots, t; j = 1, 2, \cdots, m)$ を並べてできる t 行 m 列の行列を $A = (a_{ij})$ としよう．2 組の基底 $v_1, v_2, \cdots, v_m$ と $w_1, w_2, \cdots, w_t$ を選び直すという作業は，(i) A の二つの行を交換する，(ii) A の二つの列を交換する，(iii) A の一つの行または列を整数倍する，(iv) A のある行に他の行の整数倍を加える，(v) A のある列に他の列の整数倍を加える，という五つの操作の組み合わせで実行できる．

この操作を行列 A に施して得られるすべての行列の要素の中で正の最小のものを q_1 とする．操作 (i), (ii) によって $a_{11} = q_1$ とできる．さらに上の操作に

よって

$$A = \begin{pmatrix} q_1 & 0 & \cdots & \cdots & 0 \\ 0 & & & & \\ \vdots & & * & & \\ 0 & & & & \end{pmatrix} \tag{5.50}$$

とできる．なぜなら，第 1 行目の要素 a_{1j} は $a_{1j} = pq_1 + r$, $0 \leq r < q_1$ と書けるが，q_1 の選び方から $r = 0$ となり，1 行目の p 倍を j 行目から引くことによって j 行 1 列の要素 $(j = 2, 3, \cdots, t)$ を 0 にできるからである．第 1 列の要素についても同じである．次に，第 1 行と第 1 列はこの形に固定しておいて，残りの部分に上の操作を施して得られるすべての行列の要素の中で正の最小のものを q_2 とすると，同様の操作で

$$A = \begin{pmatrix} q_1 & 0 & \cdots & \cdots & \cdots & 0 \\ 0 & q_2 & 0 & \cdots & \cdots & 0 \\ \vdots & 0 & & & & \\ \vdots & \vdots & & & * & \\ 0 & 0 & & & & \end{pmatrix} \tag{5.51}$$

とできる．このとき，q_1 は q_2 の約数である．なぜなら，もし約数でなければ $q_2 = pq_1 + r$, $0 < r < q_1$ を満たす r が存在することになり，行列の操作によって実は q_1 として r を選べたことになってしまって，q_1 の最小性に反するからである．同様の操作によって $q_3, q_4, \cdots, q_t$ を選ぶことができ，最終的に

$$A = \begin{pmatrix} q_1 & & & & & & \\ & q_2 & & 0 & & & \\ & & \ddots & & & & \\ & 0 & & q_t & 0 & \cdots & 0 \end{pmatrix} \tag{5.52}$$

の形に変形できて，各 q_i は q_{i+1} の約数となる．このことから定理の後半が証明できる．

以上が定理 5.6 の証明の道すじである．

この定理の重要さは，これによって，有限個の基底から生成される加群にはどのようなバリエーションがあり得るかについて，完全に解明できているところにある．

これから見ていくことであるが，複体のホモロジー理論では，位相空間の切断の種類を数え上げる．数え上げるとは言っても，無限個の対象を数え上げなければならないので，個数を数えるのではなく，ホモトピー理論の場合と同じように，対象がなす群の構造を調べることになる．このとき現れる群が，実は有限生成加群なのである．私達の目的は，二つの位相空間が位相同型か否かを調べることである．数え上げによって得られた二つの加群が同型でないことが確認できれば，二つの位相空間は位相同型ではないと判定できる．この確認のために加群の基本定理が役立つのである．すなわち，確認のためにやるべきことは，二つの加群を，この定理で述べられている直和の形に表すことだけでよい．

もし，このような定理がなかったら，数え上げで得られた二つの群が同型か否かを判定することが一般には困難となり，本来の目的を達成することができなくなってしまうであろう．実際，ホモトピー理論で現れる基本群には，このような制約はない．したがって，基本群としていろいろな群が現れ得る．それらの同型性を確かめることは，一般には容易ではない．この意味で，これから論じるホモロジーは，位相同型性を判定するための，ホモトピーより性質のよい手段だと言うことができよう．

5.3 ホモロジー群とその計算

(1) ホモロジー群

複体 K に含まれるすべての r 次元単体を列挙した結果が $\sigma_1{}^r, \sigma_2{}^r, \cdots, \sigma_m{}^r$ であったとする．このとき，K の r 次元鎖群 $C_r(K)$ は，m 個の有向単体 $\langle \sigma_1{}^r \rangle, \langle \sigma_2{}^r \rangle, \cdots, \langle \sigma_m{}^r \rangle$ を基底とする自由加群である．したがって，$C_r(K)$ は m 個の整数加群 $\mathbf{Z}$ の直和と同型である：

$$C_r(K) \cong \overbrace{\mathbf{Z} \oplus \mathbf{Z} \oplus \cdots \oplus \mathbf{Z}}^{m}. \tag{5.53}$$

ところで，私たちが調べたいのは，複体 K を構成しているいずれかの単体

に属すすべての点の集合 $|K|$ の位相構造である．$|K|$ が目的の図形——すなわち位相空間——であって，複体 K はそれを調べる手がかりに使おうとして導入した仮の構造にすぎない．

しかし，図形 $|K|$ を単体へ分割して複体を構成する方法は一通りではない．粗く分割することもできれば，それをさらに細分して細かく分割することもできる．したがって，上のように $C_r(K)$ を $\mathbf{Z}$ の直和で表してみても，それは図形 $|K|$ を何個の単体に分割したかを表すに過ぎず，私たちのほしい情報ではない．$C_r(K)$ の部分群である輪体群 $Z_r(K)$ や境界輪体群 $B_r(K)$ を同じように直和で表してみても，定理5.5で示したようにそれらも自由加群であり，やはり分割の細かさに依存する情報しか得られない．ほしいのは，単体への分割の仕方によらない，図形 $|K|$ 自身の情報である．

そのような情報を手に入れるためには，もうひと工夫しなければならない．ここで利用できるのが，群とその正規部分群から剰余群が生成できるという性質である．

$(G,\cdot)$ が可換群のとき，その部分群 $(H,\cdot)$ は正規部分群である．なぜなら任意の元 $a, b \in G$ に対して $a \cdot b = b \cdot a$ なので，$a \cdot H \cdot a^{-1} = a \cdot a^{-1} \cdot H = H$ が成り立つからである．

今，輪体群 $Z_r(K)$ は可換群であり，境界輪体群 $B_r(K)$ はその部分群だから，$B_r(K)$ は $Z_r(K)$ の正規部分群である．したがって，定理5.3より剰余群 $Z_r(K)/B_r(K)$ が得られる．これを

$$H_r(K) = Z_r(K)/B_r(K) \tag{5.54}$$

とおいて，複体 K の r 次元ホモロジー群 (homology group) とよぶ．

複体 K の次元を n とするとき，$H_0(K), H_1(K), \cdots, H_n(K)$ の直和

$$H_*(K) = H_0(K) \oplus H_1(K) \oplus \cdots \oplus H_n(K) \tag{5.55}$$

を，K のホモロジー群という．

$H_r(K)$ は，正規部分群 $B_r(K)$ を用いて $Z_r(K)$ を同値類に分割したものである．$H_r(K)$ の要素をホモロジー類という．二つの r 次元輪体 $z, z' \in Z_r(K)$

5.3 ホモロジー群とその計算

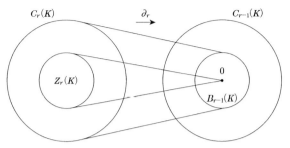

図 5.6 境界写像に対する準同型定理

が同じホモロジー類に属すとき，z と z' は**ホモローグ** (homologous) であるという．

念のために　複体 K に対して，$B_r(K) \subset Z_r(K) \subset C_r(K)$ という関係があった．このうち，$B_r(K) \subset Z_r(K)$ という関係から r 次元ホモロジー群 $H_r(K)$ が得られた．それなら，もう一つの $Z_r(K) \subset C_r(K)$ という関係からも剰余群として新しい構造が得られると思われるかもしれないが，そうはいかない．なぜなら，$C_r(K)/Z_r(K)$ は，次に示すようにちっとも新しくないからである．境界写像 $\partial_r : C_r(K) \to C_{r-1}(K)$ は準同型写像であるから，準同型定理によって

$$C_r(K)/\mathrm{Ker}(\partial_r) \cong \mathrm{Im}(\partial_r) \tag{5.56}$$

である．一方，図 5.6 に示すように，

$$\begin{aligned}\mathrm{Im}(\partial_r) &= B_{r-1}(K), \\ \mathrm{Ker}(\partial_r) &= Z_r(K)\end{aligned} \tag{5.57}$$

である．したがって，準同型定理より

$$C_r(K)/Z_r(K) \cong B_{r-1}(K) \tag{5.58}$$

が成り立つ．これからわかるように，剰余群 $C_r(K)/Z_r(K)$ は 1 次元低い $r-1$ 次元境界輪体群 $B_{r-1}(K)$ と同型であり，新しい構造ではないのである．∎

(2) いくつかの位相不変量

ホモロジー群 $H_r(K)$ が，私たちのほしかった位相不変量である．すなわち次の性質が成り立つ．

定理 5.7 (ホモロジー群の位相不変性)　K と K' を二つの複体とする．図形 $|K|, |K'|$ が位相同型なら，すべての $r = 0, 1, 2, \cdots$ に対して $H_r(K) \cong H_r(K')$ である．

この定理の証明は他書（たとえば [田村, 1972]）にゆずり，ここでは，これが成り立つことを例を用いて確認するにとどめる．しかし，その前に，ホモロジー群から派生するいくつかの不変量を導入しておこう．

$H_r(K)$ は加群だから，加群の基本定理より，

$$H_r(K) \cong \mathbf{Z} \oplus \cdots \oplus \mathbf{Z} \oplus \mathbf{Z}_{q_1^r} \oplus \mathbf{Z}_{q_2^r} \oplus \cdots \oplus \mathbf{Z}_{q_s^r} \tag{5.59}$$

と表すことができ，$i = 1, 2, \cdots, s-1$ に対して q_i^r は q_{i+1}^r の約数である．しかもこの表現は一意である．上の式の右辺の整数加群 $\mathbf{Z}$ の個数を K の r 次元ベッチ数 (Betti number) といい，$R_r(K)$ で表す．また，列 $(q_1^r, q_2^r, \cdots, q_s^r)$ を K の r 次元ねじれ係数 (torsion coefficients) という．

n 次元複体 K に対して

$$\chi(K) = \sum_{i=1}^{n} (-1)^i R_i(K) \tag{5.60}$$

を，K のオイラー数 (Euler number) という．

$H_r(K)$ が位相不変性をもつから，ベッチ数，ねじれ係数，オイラー数も位相不変量である．

(3) ホモロジー群の計算例

例 5.2　図 5.7 に示すように，三角形の頂点と辺からなる複体

$$K = \{|a_1|, |a_2|, |a_3|, |a_1 a_2|, |a_2 a_3|, |a_3 a_1|\} \tag{5.61}$$

を考えよう．$C_0(K)$ は 0 次元有向単体 $\langle a_1 \rangle, \langle a_2 \rangle, \langle a_3 \rangle$ を基底とする自由加群

5.3 ホモロジー群とその計算

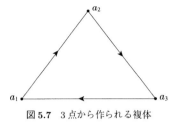

図 5.7 3 点から作られる複体

である：

$$C_0(K) = \{\alpha_1 \langle a_1 \rangle + \alpha_2 \langle a_2 \rangle + \alpha_3 \langle a_3 \rangle \mid \alpha_1, \alpha_2, \alpha_3 \in \mathbf{Z}\}$$
$$\cong \mathbf{Z} \oplus \mathbf{Z} \oplus \mathbf{Z}. \tag{5.62}$$

0 次元有向単体 $\langle a_i \rangle$ に境界写像を施すと常に $\partial_0 \langle a_i \rangle = 0$ だから，$C_0(K)$ の元はすべて $Z_0(K)$ の元である．すなわち

$$Z_0(K) = C_0(K) \tag{5.63}$$

である．$C_1(K)$ は 1 次元有向単体 $\langle a_1 a_2 \rangle, \langle a_2 a_3 \rangle, \langle a_3 a_1 \rangle$ を基底とする自由加群であるから

$$C_1(K) = \{\alpha_1 \langle a_1 a_2 \rangle + \alpha_2 \langle a_2 a_3 \rangle + \alpha_3 \langle a_3 a_1 \rangle \mid \alpha_1, \alpha_2, \alpha_3 \in \mathbf{Z}\}$$
$$\cong \mathbf{Z} \oplus \mathbf{Z} \oplus \mathbf{Z} \tag{5.64}$$

である．$C_1(K)$ の元に境界写像を施すと

$$\begin{aligned}
&\partial_1(\alpha_1 \langle a_1 a_2 \rangle + \alpha_2 \langle a_2 a_3 \rangle + \alpha_3 \langle a_3 a_1 \rangle) \\
&= \alpha_1(\langle a_2 \rangle - \langle a_1 \rangle) + \alpha_2(\langle a_3 \rangle - \langle a_2 \rangle) + \alpha_3(\langle a_1 \rangle - \langle a_3 \rangle) \\
&= (\alpha_3 - \alpha_1)\langle a_1 \rangle + (\alpha_1 - \alpha_2)\langle a_2 \rangle + (\alpha_2 - \alpha_3)\langle a_3 \rangle \\
&= p\langle a_1 \rangle + q\langle a_2 \rangle - (p+q)\langle a_3 \rangle \\
&= p(\langle a_1 \rangle - \langle a_3 \rangle) + q(\langle a_2 \rangle - \langle a_3 \rangle)
\end{aligned} \tag{5.65}$$

となる．ただし $p = \alpha_3 - \alpha_1, q = \alpha_1 - \alpha_2$ とおいた．すなわちこれは $\langle a_1 \rangle - \langle a_3 \rangle, \langle a_2 \rangle - \langle a_3 \rangle$ を基底とする自由加群の元である．したがって

$$B_0(K) = \{p(\langle a_1 \rangle - \langle a_3 \rangle) + q(\langle a_2 \rangle - \langle a_3 \rangle) \mid p, q \in \mathbf{Z}\}$$

$$\cong \mathbf{Z} \oplus \mathbf{Z} \tag{5.66}$$

である.

次に $H_0(K) = Z_0(K)/B_0(K)$ を求めてみよう. $Z_0(K)$ の元を $B_0(K)$ の基を使って表そうとすると

$$\begin{aligned}
& \alpha_1 \langle a_1 \rangle + \alpha_2 \langle a_2 \rangle + \alpha_3 \langle a_3 \rangle \\
&= \alpha_1(\langle a_1 \rangle - \langle a_3 \rangle) + \alpha_2(\langle a_2 \rangle - \langle a_3 \rangle) + (\alpha_1 + \alpha_2 + \alpha_3)\langle a_3 \rangle \\
&= \alpha_1(\langle a_1 \rangle - \langle a_3 \rangle) + \alpha_2(\langle a_2 \rangle - \langle a_3 \rangle) + m\langle a_3 \rangle
\end{aligned} \tag{5.67}$$

と書ける. ただし $m = \alpha_1 + \alpha_2 + \alpha_3 \in \mathbf{Z}$ とおいた. この式と $B_0(K)$ の表現とを比べると, $Z_0(K)/B_0(K)$ の元(すなわちホモロジー類)は,

$$B_0(K) + m\langle a_3 \rangle \equiv \{b + m\langle a_3 \rangle \mid b \in B_0(K)\} \quad (m = 0, \pm 1, \pm 2, \cdots) \tag{5.68}$$

と表されることがわかる. したがって

$$H_0(K) = Z_0(K)/B_0(K) = \{B_0(K) + m\langle a_3 \rangle \mid m \in \mathbf{Z}\} \cong \mathbf{Z} \tag{5.69}$$

である. 特に 0 次元ベッチ数は $R_0(K) = 1$ である.

最後に $H_1(K)$ を求めてみよう. まず, $C_2(K) = 0$ だから $B_1(K) = 0$ である. $Z_1(K)$ の元は, $C_1(K)$ の元 $c = \alpha_1 \langle a_1 a_2 \rangle + \alpha_2 \langle a_2 a_3 \rangle + \alpha_3 \langle a_3 a_1 \rangle$ のうちで $\partial_1(c) = 0$ を満たすものである.

$$\begin{aligned}
\partial(c) &= \partial_1(\alpha_1 \langle a_1 a_2 \rangle + \alpha_2 \langle a_2 a_3 \rangle + \alpha_3 \langle a_3 a_1 \rangle) \\
&= \alpha_1(\langle a_2 \rangle - \langle a_1 \rangle) + \alpha_2(\langle a_3 \rangle - \langle a_2 \rangle) + \alpha_3(\langle a_1 \rangle - \langle a_3 \rangle) \\
&= (\alpha_3 - \alpha_1)\langle a_1 \rangle + (\alpha_1 - \alpha_2)\langle a_2 \rangle + (\alpha_2 - \alpha_3)\langle a_3 \rangle
\end{aligned} \tag{5.70}$$

であるから, $\partial(c) = 0$ が成り立つためには $\alpha_3 - \alpha_1 = \alpha_1 - \alpha_2 = \alpha_2 - \alpha_3 = 0$ すなわち $\alpha_1 = \alpha_2 = \alpha_3$ でなければならない. したがって

$$Z_1(K) = \{\alpha(\langle a_1 a_2 \rangle + \langle a_2 a_3 \rangle + \langle a_3 a_1 \rangle) \mid \alpha \in \mathbf{Z}\} \cong \mathbf{Z} \tag{5.71}$$

である. すなわち

$$H_1(K) = Z_1(K)/B_1(K) = Z_1(K) \cong \mathbf{Z} \tag{5.72}$$

である.特に1次元ベッチ数は $R_1(K) = 1$ である.

オイラー数は

$$\chi(K) = R_0(K) - R_1(K) = 1 - 1 = 0 \tag{5.73}$$

である.

> 念のために　　上の例では $Z_0(K) \cong \mathbf{Z} \oplus \mathbf{Z} \oplus \mathbf{Z}$, $B_0(K) \cong \mathbf{Z} \oplus \mathbf{Z}$ であるが,この二つの式からただちに,「3個の基底をもつ自由加群を2個の基底をもつ自由加群を使って同値類に分割するのだから,その結果得られる剰余群 $Z_0(K)/B_0(K)$ は $\mathbf{Z}$ と同型になる」と短絡的に考えるのは間違いである.なぜなら,H が群 G の正規部分群であって,かつ $G \cong G', H \cong H'$ であっても,$G/H \cong G'/H'$ とは限らないからである.たとえば,G が $\langle a \rangle$ を基底とする自由加群で,H はある自然数 q に対して $q\langle a \rangle$ を基底とする自由加群であるとしよう.このとき

$$G = \{\alpha \langle a \rangle \mid \alpha \in \mathbf{Z}\} \cong \mathbf{Z},$$
$$H = \{\alpha q \langle a \rangle \mid \alpha \in \mathbf{Z}\} \cong \mathbf{Z} \tag{5.74}$$

である.しかし $G/H \cong 0$ ではない.一般の整数 α に対して,$\alpha = pq + r$, $0 \leq r < q$ を満たす p と r が存在するから,G の元 $\alpha \langle a \rangle$ は,H の元 $pq\langle a \rangle$ と H からはみ出した部分 $r\langle a \rangle$ の和として

$$\alpha \langle a \rangle = pq \langle a \rangle + r \langle a \rangle \tag{5.75}$$

と表すことができる.したがって剰余群 G/H の元は

$$H + m\langle a \rangle \quad (m = 0, 1, 2, \cdots, q-1) \tag{5.76}$$

と表される.すなわち

$$G/H \cong \mathbf{Z}_q \tag{5.77}$$

である.このように $\mathbf{Z}$ と同型な二つの群 G, H の間にできる剰余群の構造は,それらが $\mathbf{Z}$ と同型であるという情報だけからは決まらない.G と H の要素が,同じ基底に対してそれぞれどのように表されるかに立ち入って調べたとき,初めて剰余群が確定できるのである.

例 5.3 図 5.7 において三角形 $|a_1 a_2 a_3|$ も含まれる場合を考えよう. すなわち, ここで考える複体は

$$K = \{|a_1|, |a_2|, |a_3|, |a_1 a_2|, |a_2 a_3|, |a_3 a_1|, |a_1 a_2 a_3|\} \tag{5.78}$$

である. この場合には $C_0(K), Z_0(K), B_0(K), C_1(K), Z_1(K)$ は例 5.2 と同じであるが, $B_1(K)$ は異なる. $C_2(K)$ の元は $c = \alpha \langle a_1 a_2 a_3 \rangle$, $\alpha \in \mathbf{Z}$ と書かれるから

$$\begin{aligned}
\partial_2(c) &= \partial_2(\alpha \langle a_1 a_2 a_3 \rangle) \\
&= \alpha(-\langle a_2 a_3 \rangle + \langle a_1 a_3 \rangle - \langle a_1 a_2 \rangle) \\
&= -\alpha(\langle a_1 a_2 \rangle + \langle a_2 a_3 \rangle + \langle a_3 a_1 \rangle)
\end{aligned} \tag{5.79}$$

である. したがって, 上の $-\alpha$ をあらためて α とおいて

$$B_1(K) = \{\alpha(\langle a_1 a_2 \rangle + \langle a_2 a_3 \rangle + \langle a_3 a_1 \rangle) \mid \alpha \in \mathbf{Z}\} \cong \mathbf{Z} \tag{5.80}$$

である. すなわち $B_1(K) = Z_1(K)$ であり

$$H_1(K) = Z_1(K)/B_1(K) = 0 \tag{5.81}$$

である. 三角形 $a_1 a_2 a_3$ が穴となって空いている例 5.2 では $H_1(K) \cong \mathbf{Z}$ であったのに対して, その穴が 2 次元単体 $|a_1 a_2 a_3|$ でふさがっているこの例では $H_1(K) = 0$ である.

また, 上の $c = \alpha \langle a_1 a_2 a_3 \rangle$ に対して, $\partial_2(c) = 0$ となるのは $\alpha = 0$ のときであるから, $Z_2(K) = 0$ である. 一方 $C_3(K) = 0$ であるから $B_2(K) = 0$ である. したがって

$$H_2(K) = Z_2(K)/B_2(K) = 0 \tag{5.82}$$

である.

各次元のベッチ数は $R_0(K) = 1, R_1(K) = 0, R_2(K) = 0$ であり, したがってオイラー数は $\chi(K) \equiv 1 - 0 + 0 = 1$ である.

5.3 ホモロジー群とその計算

例 5.1 (つづきその 4) 図 5.1 (b) に示した複体 K をもう一度考えよう. すでに見たように

$$\begin{aligned}
\mathbf{Z}_1(K) &= \{\alpha_1(\langle a_1 a_2\rangle - \langle a_1 a_4\rangle - \langle a_4 a_2\rangle) \\
&\quad + \alpha_2(\langle a_2 a_3\rangle + \langle a_3 a_4\rangle + \langle a_4 a_2\rangle)) \mid \alpha_1, \alpha_2 \in \mathbf{Z}\} \\
&\cong \mathbf{Z} \oplus \mathbf{Z} \quad (\text{例 5.1 のつづきその 1}) \\
B_1(K) &= 0 \quad (\text{例 5.1 のつづきその 2})
\end{aligned} \tag{5.83}$$

である. したがって

$$H_1(K) = Z_1(K)/B_1(K) \cong \mathbf{Z} \oplus \mathbf{Z} \tag{5.84}$$

である. $H_1(K)$ が 2 個の $\mathbf{Z}$ の直和と同型であることは, K が三角形の穴を二つもっていることに対応している.

一方,

$$\begin{aligned}
C_0(K) = Z_0(K) &= \{\alpha_1\langle a_1\rangle + \alpha_2\langle a_2\rangle + \alpha_3\langle a_3\rangle + \alpha_4\langle a_4\rangle \mid \\
&\quad \alpha_1, \alpha_2, \alpha_3, \alpha_4 \in \mathbf{Z}\} \\
B_0(K) &= \{-(\alpha_1 + \alpha_4)\langle a_1\rangle + (\alpha_1 - \alpha_2 + \alpha_5)\langle a_2\rangle + (\alpha_2 - \alpha_3)\langle a_3\rangle \\
&\quad + (\alpha_3 + \alpha_4 - \alpha_5)\langle a_4\rangle \mid \alpha_1, \alpha_2, \alpha_3, \alpha_4, \alpha_5 \in \mathbf{Z}\} \\
&= \{\beta_1\langle a_1\rangle + \beta_2\langle a_2\rangle + \beta_3\langle a_3\rangle - (\beta_1 + \beta_2 + \beta_3)\langle a_4\rangle \mid \\
&\quad \beta_1, \beta_2, \beta_3 \in \mathbf{Z}\} \quad (\text{例 5.1 のつづきその 1})
\end{aligned} \tag{5.85}$$

であるから

$$H_0(K) = Z_0(K)/B_0(K) \cong \mathbf{Z} \tag{5.86}$$

である. ∎

ベッチ数は $R_0(K) = 1, R_1(K) = 2$ であり, オイラー数は $\chi(K) = 1 - 2 = -1$ である.

例 5.4 図 5.8 に示すように, 二つの三角形とその面からなる複体

$$\begin{aligned}
K = \{&|a_1|, |a_2|, |a_3|, |a_4|, |a_1 a_2|, |a_2 a_3|, |a_3 a_4|, |a_1 a_4|, |a_2 a_4|, \\
&|a_1 a_2 a_4|, |a_2 a_3 a_4|\}
\end{aligned} \tag{5.87}$$

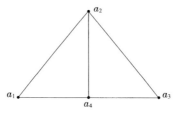

図 5.8 二つの三角形からなる複体

を考える.この複体は,例 5.1 の複体に二つの 2 次元単体 $|a_1a_2a_4|, |a_2a_3a_4|$ が加わったものである.2 次元単体を加えても,0 次元ホモロジー群は変わらないから,例 5.1 (つづきその 4) で見たとおり $H_0(K) \cong \mathbf{Z}$ である.また $Z_1(K)$ も変わらないが,$B_1(K)$ は変わる.

$C_2(K)$ の元は $c = \alpha_1 \langle a_1a_2a_4 \rangle + \alpha_2 \langle a_2a_3a_4 \rangle$ と書けるから

$$\begin{aligned}\partial_2(c) &= \partial_2(\alpha_1 \langle a_1a_2a_4 \rangle + \alpha_2 \langle a_2a_3a_4 \rangle) \\ &= \alpha_1(-\langle a_2a_4 \rangle + \langle a_1a_4 \rangle - \langle a_1a_2 \rangle) + \alpha_2(-\langle a_3a_4 \rangle + \langle a_2a_4 \rangle - \langle a_2a_3 \rangle) \\ &= -\alpha_1(\langle a_1a_2 \rangle - \langle a_1a_4 \rangle - \langle a_4a_2 \rangle) - \alpha_2(\langle a_2a_3 \rangle + \langle a_3a_4 \rangle + \langle a_4a_2 \rangle)\end{aligned}$$
(5.88)

であり,これと例 5.1 (つづきその 4) の結果を比較すると,$Z_1(K) = B_1(K)$ であることがわかる.したがって $H_1(K) = 0$ である.

一方,$C_2(K)$ の元 $c = \alpha_1 \langle a_1a_2a_4 \rangle + \alpha_2 \langle a_2a_3a_4 \rangle$ に対して $\partial_2(c) = 0$ となるためには $\alpha_1 = \alpha_2 = 0$ でなければならないから,$Z_2(K) = 0$ である.$C_3(K) = 0$ だから $B_2(K) = 0$ である.したがって $H_2(K) = Z_2(K)/B_2(K) = 0$ である.

以上から,ベッチ数は $R_0(K) = 1, R_1(K) = 0, R_2(K) = 0$ で,オイラー数は $\chi(K) = 1 - 0 + 0 = 1$ である.

この例のホモロジー群 $H_0(K), H_1(K), H_2(K)$ は,例 5.3 で調べた図 5.7 の複体の場合と一致している.したがって,各次元のベッチ数もオイラー数も一致している.この一致は偶然ではない.図 5.7 と図 5.8 を比べると,これらは同じ図形の異なる単体分割であることがわかる.ホモロジー群は位相不変量であるから,この一致は,実は当然なのである.

(4) ホモロジー群の基本的性質

ここでホモロジー群がもつ基本的な性質についてまとめておこう.

複体 K の二つの頂点 $a, b \in \hat{K}$ に対して, 1 次元単体の列 $|a_0 a_1|, |a_1 a_2|, \cdots,$ $|a_{s-1} a_s|$ で $a = a_0, b = a_s$ を満たすものがあるとき, a と b はつながっているという. 直観的には, a と b がつながっているとは, 複体 K に属す 1 次元単体 (線分) だけでできた折れ線に沿って a から b まで行けることを意味している.

複体 K の任意の 2 頂点がつながっているとき, K は**連結** (connected) であるという.

必ずしも連結とは限らない複体 K に対して, 頂点の部分集合 $V \subset \hat{K}$ が, 要素が互いにつながっているという性質をもつ極大なものであるとき, K に含まれる単体のうちで V に属す頂点を面にもつものをすべて集めてできる複体を, K の**連結成分** (connected component) という. 任意の複体は, 連結成分に分割できる.

複体 K において, 頂点 a と b とがつながっているとしよう. このとき, $C_1(K) \ni c = \langle a_0 a_1 \rangle + \langle a_1 a_2 \rangle + \cdots + \langle a_{s-1}, a_s \rangle,\ a_0 = a, a_s = b$ を満たす c が存在する.

$$\begin{aligned}\partial(c) &= \langle a_1 \rangle - \langle a_0 \rangle + (\langle a_2 \rangle - \langle a_1 \rangle) + \cdots + (\langle a_s \rangle - \langle a_{s-1} \rangle) \\ &= \langle a_s \rangle - \langle a_0 \rangle = \langle b \rangle - \langle a \rangle \end{aligned} \quad (5.89)$$

であるから

$$\langle b \rangle - \langle a \rangle \in B_0(K) \quad (5.90)$$

である. これは, $\langle a \rangle$ と $\langle b \rangle$ が, $Z_0(K)/B_0(K)$ において同じ同値類に属す——すなわち a と b はホモローグである——ことを意味している (群 G の正規部分群 H に対して, $a, b \in G$ は $a \cdot b^{-1} \in H$ のとき同値であると定義したが, 今は $G = Z_0(K), H = B_0(K)$, 演算 $\cdot$ が演算 $+$ であることに注意されたい). すなわち, 互いにつながっている二つの頂点は, 互いにホモローグである.

K が連結ならば, すべての頂点が互いにホモローグであるから, 一つの頂点 $a \in \hat{K}$ を代表に選んで

$$H_0(K) = Z_0(K)/B_0(K) = \{m[\langle a \rangle] \mid m \in \mathbf{Z}\} \quad (5.91)$$

と表すことができる.ただし $[\langle a \rangle]$ は,有向単体 $\langle a \rangle$ が属すホモローグ同値類を表す.

したがって,次の定理が得られた.

定理 5.8 複体 K が連結ならば,$H_0(K) \cong \mathbf{Z}$ であり,したがって $R_0(K) = 1$ である. ∎

次に,一般の n 次元複体 K が,連結成分 $K_1, K_2, \cdots, K_t$ からなる場合を考える.鎖群は自由加群だから,連結成分ごとの鎖群の直和として

$$C_r(K) = C_r(K_1) \oplus C_r(K_2) \oplus \cdots \oplus C_r(K_t) \quad (r = 0, 1, 2, \cdots, n) \quad (5.92)$$

と表すことができる.一方,境界写像 ∂_r も,各連結成分ごとに定義したものの単なる寄せ集めとして得られるから

$$Z_r(K) = Z_r(K_1) \oplus Z_r(K_2) \oplus \cdots \oplus Z_r(K_t) \quad (r = 0, 1, 2, \cdots, n),$$
$$B_r(K) = B_r(K_1) \oplus B_r(K_2) \oplus \cdots \oplus B_r(K_t) \quad (r = 0, 1, 2, \cdots, n) \quad (5.93)$$

である.したがって次の定理が成り立つ.

定理 5.9 n 次元複体 K が連結成分 $K_1, K_2, \cdots, K_t$ からなるとき

$$H_r(K) = H_r(K_1) \oplus H_r(K_2) \oplus \cdots \oplus H_r(K_t) \quad (r = 0, 1, 2, \cdots, n) \quad (5.94)$$

である. ∎

以上のことから,複体 K のホモロジーに関する加群 $C_r(K), Z_r(K), B_r(K), H_r(K)$ は,いずれも連結成分ごとに計算して直和をとれば得られることがわかる.

また,上の定理からただちに次の性質も得られる.

定理 5.10 複体 K の 0 次元ベッチ数 $R_0(K)$ は,K の連結成分の数と一致する. ∎

次に,複体 K のオイラー数 $\chi(K)$ と,K を構成する単体の個数との間に成り立つ関係を明らかにする.まず,そのために準備をしよう.

G を有限生成加群とする．G の元 $v_1, v_2, \cdots, v_r$ に対して，

$$\alpha_1 v_1 + \alpha_2 v_2 + \cdots + \alpha_r v_r = 0 \tag{5.95}$$

が満たされるのは $\alpha_1 = \alpha_2 = \cdots = \alpha_r = 0$ のときに限るという性質が成り立つならば，$v_1, v_2, \cdots, v_r$ は **1次独立** (linearly independent) であるという．1次独立でないときには **1次従属** (linearly dependent) であるという．1次独立な要素の数 r の最大値を G の**階数** (rank) といい，$r(G)$ で表す．

念のために　G が m 個の元から生成される有限生成加群のとき，その階数が m になるというわけではない．たとえば，G が，r 個の整数加群 $\mathbf{Z}$ と s 個の有限巡回群 $\mathbf{Z}_{q_1}, \mathbf{Z}_{q_2}, \cdots, \mathbf{Z}_{q_s}$ の直和の形に

$$G = \mathbf{Z} \oplus \mathbf{Z} \oplus \cdots \oplus \mathbf{Z} \oplus \mathbf{Z}_{q_1} \oplus \mathbf{Z}_{q_2} \oplus \cdots \oplus \mathbf{Z}_{q_s} \tag{5.96}$$

と表されたとしよう．このとき，G の階数は $r+s$ ではなくて r である．なぜなら，G が $u_1, u_2, \cdots, u_r, w_1, w_2, \cdots, w_s$ から生成され，各 u_i は $\mathbf{Z}$ を生成し，各 w_i は $\mathbf{Z}_{q_i}$ を生成するとすると，

$$\alpha_1 u_1 + \cdots + \alpha_r u_r + \beta_1 w_1 + \cdots + \beta_s w_s = 0 \tag{5.97}$$

を満たす係数の組として $\alpha_1 = \alpha_2 = \cdots = \alpha_r = 0, \beta_1 = q_1, \beta_2 = q_2, \cdots, \beta_s = q_s$ なども存在するからである．この例からわかるように，位数が有限の要素が一つでも含まれると，その要素集合は1次従属となる．したがって，G の1次独立な要素の最大数は r である．

補助定理 5.2　G を有限生成加群とし，H をその（正規）部分群とするとき

$$r(G/H) = r(G) - r(H) \tag{5.98}$$

が成り立つ．

念のために　上の補助定理において「（正規）部分群」と「正規」を括弧で囲んだのは，加群（すなわち可換群）の部分群は，常に正規部分群だからである．

補助定理 5.2 は，次のようにして示すことができる．G と H はともに有限生成加群であるから，加群の基本定理により，どちらもいくつかの整数加群 $\mathbf{Z}$ といくつかの有限巡回群の直和で表すことができる．その表現に現れる整数加群 $\mathbf{Z}$ の個数が，それぞれ $r(G)$ と $r(H)$ である．剰余群を作るとき，H の中の 1 個の $\mathbf{Z}$ が G の中の 1 個の $\mathbf{Z}$ を有限巡回群——単位元だけからなる有限巡回群の場合もあるが——に置き換える．したがって，$r(G/H) = r(G) - r(H)$ が成り立つ．

以上の準備のもとに，次の定理が証明できる．

定理 5.11 (オイラー数) n 次元複体 K に含まれる i 次元単体の個数を k_i とする $(i = 0, 1, \cdots, n)$. このとき K のオイラー数は，次のように計算できる：

$$\chi(K) \equiv \sum_{i=0}^{n}(-1)^i R_i(K) = \sum_{i=0}^{n}(-1)^i k_i. \tag{5.99}$$

証明 各 $i = 1, 2, \cdots, n$ に対して $H_i(K) = Z_i(K)/B_i(K)$ だから，補助定理 5.2 より

$$r(H_i(K)) = r(Z_i(K)) - r(B_i(K)) \tag{5.100}$$

である．一方，境界準同型写像 $\partial_i : C_i(K) \to B_{i-1}(K)$ に関する準同型定理より $C_i(K)/\mathrm{Ker}(\partial_i) \cong B_{i-1}(K)$ であり，また $\mathrm{Ker}(\partial_i) = Z_i(K)$ でもあるから，

$$r(C_i(K)) = r(Z_i(K)) + r(B_{i-1}(K)) \tag{5.101}$$

である．したがって，これらの関係と，$Z_0(K) = C_0(K), B_n(K) = 0$ から

$$\sum_{i=0}^{n}(-1)^i r(H_i(K)) = \sum_{i=0}^{n}(-1)^i (r(Z_i(K)) - r(B_i(K)))$$

$$= r(Z_0(K)) + \sum_{i=1}^{n}(-1)^i (r(Z_i(K)) + r(B_{i-1}(K)))$$

$$= \sum_{i=0}^{n}(-1)^i r(C_i(K)) = \sum_{i=0}^{n}(-1)^i k_i \tag{5.102}$$

が得られる．∎

この定理を使うと，複体 K を構成する単体の個数を数え上げるだけで，オイラー数 $\chi(K)$ を求めることができる．

演習問題

5.1 群 G の元 a, b に対して，$a \cdot b$ の逆元は $b^{-1} \cdot a^{-1}$ であることを示せ．

5.2 $(G, \cdot), (G', \cdot)$ を群とし，写像 $f : G \to G'$ を準同型写像とする．このとき，$[a], [b] \in G/\mathrm{Ker}(f)$ に対して $[a] \cdot [b] \equiv [a \cdot b]$ で定義された演算 $\cdot$ に関して，$(G/\mathrm{Ker}(f), \cdot)$ も群となることを示せ．

5.3 $f : G \to G'$ が群 G から群 G' への準同型写像のとき，任意の $a \in G$ に対して $a \cdot \mathrm{Ker}(f) \cdot a^{-1} = \mathrm{Ker}(f)$ であることを示せ．

5.4 $(G, \cdot), (G', \cdot)$ が群で，$f : G \to G'$ が準同型写像のとき，任意の $a \in G$ に対して $f(a)$ の逆元は $f(a^{-1})$ であることを示せ．

5.5 複体 K を

$$K = \{|a_1|, |a_2|, |a_3|, |a_4|, |a_1 a_2|, |a_2 a_3|, |a_3 a_4|, |a_4 a_1|\}$$

とするとき，$C_0(K), Z_0(K), B_0(K), H_0(K), C_1(K), Z_1(K), B_1(K), H_1(K)$ を求めよ．

5.6 メビウスの帯のオイラー数を求めよ．

6

トポロジーの計算論

今までに与えた基本群やホモロジー群の計算法は,"有限の手続き"で実行できるという意味での計算手段であった.しかし,「有限」とは言っても,その手続きが非常に大きく,実行するのに天文学的時間がかかるようでは,計算法とは言えない.実際に使える計算法であるためには,単に手続きが有限であるだけでは不十分で,その有限が十分小さい有限でなければならない.本章では,この意味で効率のよい計算法の例を紹介する.この章で紹介する技術は,「計算トポロジー」の名称で新しく生まれ,現在さかんに研究されている歴史の浅い学問分野である.

6.1 ベッチ数の計算

(1) ベッチ数の意味と性質

複体のホモロジー群を計算するためには,ベッチ数の計算が最も基本的であり重要である.たとえば次節で見るように,閉曲面と同相な2次元複体に対しては,表と裏が区別できるかどうかという性質とベッチ数とがわかれば,ホモロジー群が完全に決定できる.本節では,ベッチ数を計算するための Delfinado and Edelsbrunner (1993) によるアルゴリズムを紹介する.これは,特に3次元以下の複体に対しては,非常に高速な計算法である.

複体 K の k 次元ベッチ数 $R_k(K)$ は,k 次元ホモロジー群を有限生成加群の基本定理に基づいて

$$H_k(K) = Z_k(K)/B_k(K) \cong \mathbf{Z} \oplus \cdots \oplus \mathbf{Z} \oplus \mathbf{Z}_{q_1} \oplus \cdots \oplus \mathbf{Z}_{q_s} \quad (6.1)$$

と表したときの整数加群 $\mathbf{Z}$ の個数であった．これは，有限生成加群の階数を使って

$$R_k(K) = r(H_k(K)) = r(Z_k(K)) - r(B_k(K)) \qquad (6.2)$$

とも表せた．ここでこの意味を考えてみよう．

図 6.1 の左下に示すようなトーラスなどの 2 次元曲面を考えよう．今考えているのは複体であるから，トーラスと言っても，三角形（2 次元単体）で覆われたトーラスと同相な多面体表面である．しかし，これが非常に多くの三角形をつないで作られているために，ほとんど曲面とみなしてさしつかえないものと考え，この図のようになめらかな曲面で近似的に表すことにする．ここでは，この複体の 2 次元単位を三角形とよび，1 次元単体を辺とよぶ．

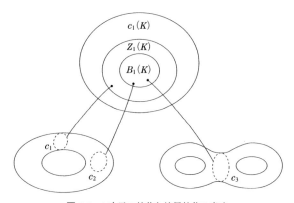

図 6.1 1 次元の輪体と境界輪体の意味

この複体の 1 次元鎖群 $C_1(K)$ を考えよう．K に属す辺を $\sigma_1{}^1, \sigma_2{}^1, \cdots, \sigma_m{}^1$ とする．$C_1(K)$ の元である 1 次元鎖は，

$$c = \alpha_1 \langle \sigma_1{}^1 \rangle + \alpha_2 \langle \sigma_2{}^1 \rangle + \cdots + \alpha_m \langle \sigma_m{}^1 \rangle \quad (\alpha_1, \alpha_2, \cdots, \alpha_m \in \mathbf{Z}) \quad (6.3)$$

と表される．これは，直観的には，各 i に対して有向辺 $\langle \sigma_i{}^1 \rangle$ を α_i 個ずつ集めたものというイメージである．ただし α_i が負のときには，その有向辺の向きを逆にしたものが $|\alpha_i|$ 個あると解釈する．そのうち $Z_1(K)$ に含まれるものは，境界写像 $\partial_1(c)$ をほどこしたとき 0 となるものであるから，「ループをなす

有向辺の集合」と解釈できる．たとえば図6.1のトーラスの胴をひとまわりするループ c_1 や，0とホモトープなループ c_2 などは $Z_1(K)$ に属す．

一方，$B_1(K)$ に含まれるものは，2次元鎖の境界である．2次元鎖 d は，三角形の集まりというイメージであるから，その境界 $\partial_2(d)$ は，それらの三角形が集まってできる領域の境界と解釈できる．図6.1に示したループ c_2 は，そのような領域の境界である．なぜなら，ループ c_2 に沿ってトーラスを切断すると，トーラスは c_2 の内側と外側の二つの領域に分かれるので，そのいずれかの領域の境界とみなせるからである．したがって，c_2 は $B_1(K)$ に属す．

それとは対照的に，胴をひとまわりするループ c_1 は，そのような領域の境界とはなっていない．なぜならループ c_1 に沿ってトーラスを切断しても，トーラスは二つの部分に分かれず，両側が同一の領域に属しており，したがって c_1 は「領域の境界」としては作れないからである．そのため，c_1 は $Z_1(K)$ には属すが，$B_1(K)$ には属さない．

ところで，$B_1(K)$ に属すのは，図6.1の c_2 のように0とホモトープなループだけかというと，決してそうではない．たとえば，この図の右側のトーラスを2個つないだような曲面上で，そのつなぎ目をひとまわりするループ c_3 は，0とホモトープではないが，この曲面を二つに分離する．したがって，「領域の境界」として作れるため，$B_1(K)$ に属す．

さて，ホモロジー群 $H_1(K)$ は，$Z_1(K)$ の要素のうち，$B_1(K)$ の要素の違いを無視してできる構造であった．このことは，言いかえると，ループのうち，領域の境界となっているものは無視したとき残る構造を意味している．さらに言いかえると，$H_1(K)$ は，ループのうち，K を切断しないもの——そのループに沿って切っても，曲面はつながったままであるもの——が作る構造を表している．

念のために　ここのところが，複体 K の基本群 $\pi_1(K)$ とホモロジー群 $H_1(K)$ の大きな違いである．ホモロジー群は，図6.1のループ c_3 のように K を二つに分離するループは無視した構造であるのに対し，基本群は，0とホモトープではないループはすべて考慮に入れた構造である．

このように，$H_1(K)$ は，ループであるのに，それに沿って切れ目を入れても

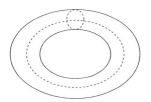

図 6.2 トーラスの二つの 1 次独立なループ

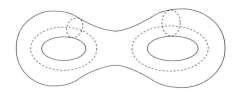

図 6.3 四つの 1 次独立なループをもつ曲面

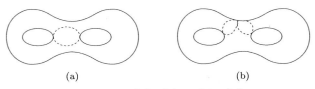

図 6.4 二つの輪体の和として作れる輪体

複体は二つに分離しないという性質をもつものの全体である．そして，ベッチ数 $R_1(K)$ は，$H_1(K)$ の 1 次独立な基底の数であるから，そのようなループのうちで本質的に異なるもの——他の組み合わせでは作れないもの——の個数を表している．たとえば，トーラス K では，図 6.2 に示すように，胴をまわるループと穴をまわるループの二つが 1 次独立であり，$R_1(K) = 2$ である．また，2 個のトーラスをくっつけた図 6.3 の曲面では，破線で示すように，それぞれの穴をまわるループとそれぞれの胴をまわるループの四つが 1 次独立であるから，$R_1(K) = 4$ である．

> 念のために

皆さんの中には，図 6.4(a) に示すように，二つの穴の間を通っている胴をひとまわりするループも 1 次独立なのではないかと思われる方もいるかもしれない．しかし，これは 1 次独立ではない．この図の (b) に示すように，それぞれの胴をひとまわりする二つのループで一部分が重複して向きが互

いに異なっているものを考え，これらの和（加群の演算としての和）をとると，重複部分が打ち消し合って，(a) と同種のループが得られる．したがって，1次独立なループは，図 6.3 に示す 4 種類だけである．∎

(2) 逐次添加によるベッチ数の変化

次に，ベッチ数を計算するアルゴリズムの基本的アイデアを，例を用いて説明しよう．K を n 次元複体とし，K のすべての次元の単体を集めて，それらに通し番号をつけたものを $\sigma_1, \sigma_2, \cdots, \sigma_l$ とする．ただし，この番号づけは，任意の i $(1 \leq i \leq l)$ に対して途中の i 番目までの単体を集めたもの

$$K_i = \{\sigma_1, \sigma_2, \cdots, \sigma_i\} \quad (i = 1, 2, \cdots, l) \tag{6.4}$$

がやはり複体になるようにつけるものとする．したがって，単体 σ_i の面はすべてそれ以前の $\sigma_1, \sigma_2, \cdots, \sigma_{i-1}$ の中に現れる．

以下では，複体 K_i の k 次元ベッチ数 $R_k(K_i)$ について考える．σ_1 は頂点だから，$K_1 = \{\sigma_1\}$ に対しては，

$$R_0(K_1) = 1, \quad R_1(K_1) = R_2(K_1) = \cdots = R_n(K_1) = 0 \tag{6.5}$$

である．なぜなら，任意の頂点に対して，その境界は 0 だから，$\langle\sigma_1\rangle$ は境界輪体であり，$Z_0(K_1) = \mathbf{Z}, B_0(K_1) = 0, H_0(K_1) = Z_0(K_1)/B_0(K_1) \cong \mathbf{Z}$ だからである．

この K_1 から出発して，$i = 2, 3, \cdots, l$ の順に σ_i を添加して，K_{i-1} を K_i へ変更し，それに伴うベッチ数の変化を計算する．今，K_{i-1} に対するベッチ数 $R_j(K_{i-1}), j = 0, 1, \cdots, n$ がすでに得られているとしよう．そして σ_i の次元を k とする．K_{i-1} から K_i へ変更したとき，k 次元単体 σ_i が 1 個加わるだけだから，輪体群で変化する可能性があるのは，k 次元輪体群だけであり，境界輪体群で変化する可能性があるのは，$k-1$ 次元境界輪体群だけである．そして，この二つの変化のうち，どちらか一方のみが必ず起きる．

このことを例で見るために，σ_i の次元を 1 としよう．K_{i-1} に属す 1 次元以下の単体だけでできる複体に着目すると，二つの場合に分けることができる．これらの場合を図 6.5 に示す．この図では，複体 K_{i-1} を実線で表し，新しく

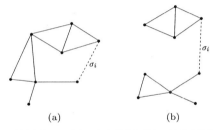

図 6.5 同一連結成分の 2 点をつなぐ単体と異なる連結成分をつなぐ単体

添加する単体 σ_i を破線で表している．二つの場合とは，図 6.5 (a) に示すように，σ_i が同一の連結成分に属す二つの頂点をつなぐ場合と，図 6.5 (b) に示すように，σ_i が異なる連結成分をつなぐ場合である．

前者の場合には，K_i に，σ_i を含む新しいループが現れる．このループは K_{i-1} には存在していなかったものであるから，1 次元輪体群の基底が一つ増えたことになる．すなわち $r(Z_1(K_i)) = r(Z_1(K_{i-1})) + 1$ となる．一方，$B_1(K_i) = B_1(K_{i-1})$ だから，1 次元ホモロジー群の基底も，$H_1(K_{i-1})$ から $H_1(K_i)$ へ移ったとき一つ増える．すなわち $R_1(K_i) = R_1(K_{i-1}) + 1$ である．また，σ_i の両端点を σ_j, σ_k とするとき，それらの差 $\langle\sigma_j\rangle - \langle\sigma_k\rangle$ は $B_0(K_{i-1})$ に含まれているから，σ_i を加えても 0 次元の境界輪体群は変化せず，$R_0(K_i) = R_0(K_{i-1})$ である．

次に図 6.5 (b) に示すように，σ_i が異なる連結成分をつなぐ場合を考えよう．このとき，K_i には，σ_i を含むループは現れない．したがって 1 次元輪体群は変化せず，$R_1(K_i) = R_1(K_{i-1})$ である．一方，0 次元境界輪体群では，ループに含まれない新しい要素 σ_i の境界が加わるから，基底が一つ増す．その結果，$r(B_0(K_i)) = r(B_0(K_{i-1})) + 1$ となり，$r(H_0(K_i)) = r(H_0(K_{i-1})) - 1$ となるから，$R_0(K_i) = R_0(K_{i-1}) - 1$ となる．

同様の変化は σ_i がどの次元であっても起こる．σ_i の次元が一般の k であるとしよう．K_{i-1} に σ_i を加えると，σ_i を含む輪体が新しく現れるか，あるいはそのような輪体は現れないかのいずれかである．前者の場合には，k 次元輪体群の基底が 1 だけ増し，$R_k(K_i) = R_k(K_{i-1}) + 1$ となる．一方，後者の場合には，$k-1$ 次元境界輪体群の基底が 1 だけ増し，その結果，$R_{k-1}(K_i) = R_{k-1}(K_{i-1}) - 1$

表 6.1 2個の三角形からなる複体の単体を順に添加したときのベッチ数の変化

i	σ_i	$R_0(K_i)$	$R_1(K_i)$	$R_2(K_i)$
0	ϕ	0	0	0
1	$|a_1|$	1	0	0
2	$|a_2|$	2	0	0
3	$|a_3|$	3	0	0
4	$|a_4|$	4	0	0
5	$|a_1a_2|$	3	0	0
6	$|a_2a_3|$	2	0	0
7	$|a_3a_4|$	1	0	0
8	$|a_4a_1|$	1	1	0
9	$|a_2a_4|$	1	2	0
10	$|a_1a_2a_4|$	1	1	0
11	$|a_2a_3a_4|$	1	0	0

となる.

この変化の様子を，二つの三角形 $|a_1a_2a_4|$, $|a_2a_3a_4|$ とそのすべての面からなる複体

$$K = \{|a_1|, |a_2|, |a_3|, |a_4|, |a_1a_2|, |a_2a_3|, |a_3a_4|, |a_4a_1|, |a_2a_4|,$$
$$|a_1a_2a_4|, |a_2a_3a_4|\} \tag{6.6}$$

についてまとめたのが表 6.1 である．ただし，単体は上に列挙した順に σ_1 から σ_{11} までの通し番号をつけた．この例では，単体を次元の低いものから高いものへと順に並べたが，それ以外の並べ方にしても最終結果は同じである（演習問題 6.1 を参照）．

以上の観察結果をまとめると，次のアルゴリズムが得られる．

アルゴリズム 6.1 (ベッチ数の計算の基本アイデア)

入力：n 次元複体 K を構成する単体の列 $\sigma_1, \sigma_2, \cdots, \sigma_l$（ただし，すべての $i = 1, 2, \cdots, l$ に対して $K_i = \{\sigma_1, \sigma_2, \cdots, \sigma_i\}$ は複体をなす）．

出力：K の各次元のベッチ数 $R_0, R_1, \cdots, R_n$.

手続き：
1. $k = 0, 1, \cdots, n$ に対して，$R_k \leftarrow 0$ とおく．
2. $i = 1, 2, \cdots, l$ に対して，次の 2.1, 2.2 を行う．

2.1. $k \leftarrow \dim(\sigma_i)$

2.2. もし K_i の k 次元輪体で σ_i を含むものがあるなら
$R_k \leftarrow R_k + 1$ とし,
そのような k 次元輪体がないなら
$R_{k-1} \leftarrow R_{k-1} - 1$ とする.

これがベッチ数を計算するアルゴリズムの基本的アイデアである.ここで,σ_i を含む k 次元輪体があるか否かの判定が必要になるが,そのための計算法を次に考えよう.

(3) 輪体の出現の判定法

アルゴリズム 6.1 では,複体 K_{i-1} に k 次元単体 σ_i を添加して $K_i = K_{i-1} \cup \{\sigma_i\}$ を作ったとき,σ_i を含む新しい k 次元輪体が生じるか否かを判定しなければならない.ここでは一般の n 次元の考察はやめて,私たちの住む 3 次元空間の中に埋め込むことのできる 3 次元以下の複体について,この判定法を考える.

$k = 1$ の場合の方法は前節で詳しく見た.すなわち,σ_i が K_{i-1} の異なる連結成分をつなぐ場合には,新しい輪体は現れないが,σ_i が K_{i-1} の一つの連結成分に属す二つの頂点をつなぐ場合には,新しい輪体が現れる.

もっと簡単に判定できるのは $k = 0$ の場合である.$k = 0$ の場合には,σ_i は頂点(0 次元単体)であり,これは常に 0 次元輪体である.したがっていつも新しい 0 次元輪体が現れる.

次に $k = 3$ の場合を考えよう.3 次元空間に埋め込むことのできる 3 次元複体 K が 0 以外の 3 次元輪体 c をもつためには,c を構成するすべての 3 次元単体(四面体)に対して,その各 2 次元面(三角形)の反対側にもう一つの 3 次元単体がなければならない.さもないと,$\partial_3(c)$ の中で互いに打ち消し合って,結果が 0 になることができないからである.しかし,3 次元空間に四面体を互いに交差しないように敷き詰めたとき,必ず一番外側の境界が現れて,その反対側に 3 次元単体をもたない三角形が現れる.したがって,3 次元輪体は,添加の過程で決して現れない.

残るのは $k=2$ の場合だけである．これは 3 次元複体の中で 2 次元輪体を認識する問題である．これを少し一般化して，n 次元複体の $n-1$ 次元輪体を認識する問題を考える．そして，そのアイデアを $n=2$ の場合について説明することにする．$n=2$ の場合というのは，2 次元複体の 1 次元輪体を認識する問題であって，それはすでに上で解を与えた．しかし，ここでは，$n-1$ 次元輪体の認識に使えるもう一つの方法を示す．

まず，仮定を一つ追加する．与えられた n 次元複体は，n 次元球面 S^n と同相な複体 K' の部分集合であるとする．特に $n=2$ の場合には，複体 K の頂点と辺と三角形が，通常の球面 S^2（3 次元空間に置かれた球体 B^3 の表面）に互いに重なり合わないように描けると仮定することと同じである．

さて，複体 K_{i-1} に 1 次元単体 σ_i を追加して複体を K_i へ変更する場面を考えよう．この複体が，図 6.6 に示すように，球面上に描かれているとする．すでに見たように，σ_i が，図 6.6 (a) のように，K_{i-1} の異なる連結成分をつなぐ場合には，1 次元輪体は増えないが，図 6.6 (b) のように，K_{i-1} の同一の連結成分に属す頂点をつなぐ場合には，1 次元輪体が増える．

ここで，$i=1,2,\cdots,l$ に対して $\overline{K_i} = K' - K_i$ とおく．すなわち，球面と同相な複体 K' の中で K_i に含まれない単体を集めた集合を $\overline{K_i}$ とおく．$\overline{K_i}$ は，一般に複体ではない．なぜなら，$\overline{K_i}$ に含まれる一つの単体 σ に対して，その面が $\overline{K_i}$ に含まれている保証はないからである．しかし，$\overline{K_i}$ を，そこに含まれる頂点，辺，三角形からなる図形として球面に描くことができる．

さて，K_{i-1} に σ_i を添加して K_i を作るとき，図 6.6 (a) のように，連結成分

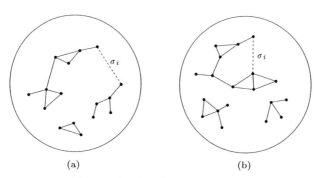

図 6.6　2 次元球面に描かれた 2 次元複体

が一つ減るときには，$\overline{K}_{i-1}$ と $\overline{K}_i$ の連結成分の個数は変わらない（図 6.6 (a) の破線の両側が同じ領域に属す）．一方，図 6.6 (b) のように，K_{i-1} と K_i で連結成分の個数が変わらないときには，$\overline{K}_{i-1}$ より $\overline{K}_i$ の方が連結成分が 1 個だけ多くなる（図 6.6 (b) の破線は領域を二つに分割している）．このように，連結成分の数が変化するかどうかは，$K_1, K_2, \cdots, K_l$ のかわりに $\overline{K}_1, \overline{K}_2, \cdots, \overline{K}_l$ を観察してもわかる．これと同じ性質は，複体の次元 n より 1 次元だけ低い輪体に対して成立する．

K_{i-1} に $n-1$ 次元単体 σ_i を加えて K_i を作ることは，$\overline{K}_i$ に σ_i を加えて $\overline{K}_{i-1}$ を作ることに相当する．したがって，実際の判定は，$\overline{K}_l, \overline{K}_{l-1}, \cdots, \overline{K}_1, \overline{K}_0 = K'$ の順に観察した方がやりやすい．すなわち，複体 K の要素を全く含まない $\overline{K}_l$ の状態から出発し，$i = l, l-1, \cdots, 1$ の順に $\overline{K}_i$ に σ_i を添加して $\overline{K}_{i-1}$ を作り，その際に連結成分が一つ増えるなら σ_i によって新しい $n-1$ 次元輪体が作られたと判定し，連結成分の数が変わらないなら新しい $n-1$ 次元輪体は作られないと判定する．

したがって，アルゴリズム 6.1 は，次のように精密化できる．この手続きでは，単体 σ_i に対して 0 または 1 の値をとる印 MARK(σ_i) を用意する．この印は K_{i-1} に σ_i を加えたとき σ_i を含む輪体が生まれるなら MARK(σ_i) = 1 という値をとり，そうでなければ MARK(σ_i) = 0 という値をとる．次のアルゴリズムでは，まずすべての単体 σ_i の MARK(σ_i) の値を決定し，そのあとで各次元のベッチ数を求める．

アルゴリズム 6.2 (ベッチ数の計算)

入力： 3 次元球面 S^3 と同相な複体 K' の部分複体 $K = \{\sigma_1, \sigma_2, \cdots, \sigma_l\}$．ただし $i = 1, 2, \cdots, l$ に対して，$K_i = \{\sigma_1, \sigma_2, \cdots, \sigma_i\}$ も複体をなすように，単体の番号がつけられているものとする．

出力： 各次元のベッチ数 R_0, R_1, R_2, R_3．

手続き：
1. すべての 0 次元単体 σ_i に対して MARK(σ_i) = 1 とおく．
2. すべての 3 次元単体 σ_i に対して MARK(σ_i) = 0 とおく．
3. $i = 1, 2, \cdots, l$ の順に単体 σ_i を調べ，σ_i が 1 次元単体で，かつ σ_i が K_{i-1} の

異なる連結成分をつなぐ辺ならば $\mathrm{MARK}(\sigma_i) = 0$ とおき, σ_i が 1 次元単体でかつ K_{i-1} の同一の連結成分に属す点をつなぐ辺ならば $\mathrm{MARK}(\sigma_i) = 1$ とおく.

4. $i = l, l-1, \cdots, 1$ の順に単体 σ_i を調べ, σ_i が 2 次元単体で, かつ σ_i が $\overline{K}_i = K' - K_i$ の異なる連結成分をつなぐ単体であれば $\mathrm{MARK}(\sigma_i) = 1$ とおき, σ_i が 2 次元単体でかつ $\overline{K}_i$ の同一の連結成分をつなぐ単体であれば $\mathrm{MARK}(\sigma_i) = 0$ とおく.

5. $k = 0, 1, 2, 3$ に対して $R_k \leftarrow 0$ とおく.

6. $i = 1, 2, \cdots, l$ に対して, 次の 6.1, 6.2 を行う.

    6.1 $k \leftarrow \dim(\sigma_i)$

    6.2 $\mathrm{MARK}(\sigma_i) = 1$ なら $R_k \leftarrow R_k + 1$ とし,

    $\mathrm{MARK}(\sigma_i) = 0$ なら $R_{k-1} \leftarrow R_{k-1} - 1$ とする. ∎

このアルゴリズムでは, ステップの 1, 2, 3, 4 で, それぞれ 0 次元, 3 次元, 1 次元, 2 次元の単体に印をつける. すなわち, 単体 σ_i を添加したときに σ_i と同じ次元の輪体が新しくできるかどうかを判定し, その結果を $\mathrm{MARK}(\sigma_i)$ に記録する. そのあとのステップ 5, 6 は, アルゴリズム 6.1 のステップ 1, 2 に相当する. だから, これによって 3 次元複体のベッチ数 R_0, R_1, R_2, R_3 を計算することができる.

上のアルゴリズムのステップ 3, 4 において, σ_i が異なる連結成分をつなぐのか, 同一の連結成分に属す要素をつなぐのかを判定しなければならない. そのためのアルゴリズムを次に扱う.

(4) 1 次元輪体認識の高速化

アルゴリズム 6.2 のステップ 3 とステップ 4 は同じ手法で高速化できるから, ここではステップ 3 について述べる.

アルゴリズム 6.2 の入力である単体の列 $\sigma_1, \sigma_2, \cdots, \sigma_l$ から, 1 次元単体だけを取り出して得られる部分列を $\sigma_1{}^1, \sigma_2{}^1, \cdots, \sigma_m{}^1$ とする. また, 複体 K の 0 次元単体の集合を $V = \{v_1, v_2, \cdots, v_t\}$ とおく. 以下では, 0 次元単体を頂点, 1 次元単体を辺とよぶ.

6.1 ベッチ数の計算

辺を追加していく途中で得られる連結成分を，V の部分集合の形で表現することにする．辺が全く加えられていない状態では，頂点は一つ一つがそれぞれ連結成分をなす．すなわち，V は連結成分 $\{v_1\}, \{v_2\}, \cdots, \{v_t\}$ へ分割される．この状態から出発して，辺 $\sigma_1^1, \sigma_2^1, \cdots, \sigma_m^1$ を順に追加していくと，異なる連結成分がつながれて大きな連結成分へと変わっていく．たとえば，σ_1^1 が v_i と v_j をつなぐ辺であれば，二つの連結成分 $\{v_i\}$ と $\{v_j\}$ が結合されて，大きな連結成分 $\{v_i, v_j\}$ へ変わる．

このような連結成分の変化を表すために，根つき木とよばれるデータ構造を用いる．頂点の部分集合 $V' (\subset V)$ が一つの連結成分をなすとしよう．このとき，図 6.7 に示すように，V' に属す一つの頂点 v_i を一番上に置き，これをルーツ (root) とよぶ．残りの頂点のうちのいくつかを，v_i から下にのびる枝の先に置く．さらに残りの頂点のうちのいくつかを，その下にのびる枝の先に置く．これをくり返して V' に属すすべての頂点を枝でつないで配置する．図 6.7 に示すように，頂点 v_j から下へのびる枝の先に頂点 v_k が置かれているとき，v_k を v_j の**子** (child) といい，v_j を v_k の**親** (parent) という．このようにルーツ以外のすべての頂点がちょうど 1 個の親をもつ構造を**根つき木** (rooted tree) という．

この根つき木を用いて連結成分を表すために，二つの 1 次元配列 $p(i), s(i)$, $i = 1, 2, \cdots, t$ を使う．頂点 v_i が親 v_j をもつとき $p(i) = j$ とおき，v_i が親をもたないとき——すなわち v_i がルーツのとき——$p(i) = 0$ とおく．また，ルーツ v_i に対して，そのルーツが属す連結成分の大きさ——すなわち頂点の数——を $s(i)$ で表す．任意の頂点 v_i から，$p(i), p(p(i)), p(p(p(i))), \cdots$ と参照すること

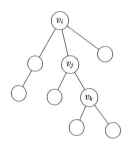

図 6.7 根つき木

によって, v_i を含む根つき木のルーツまでたどることができる.

アルゴリズム 6.2 のステップ 3 の考察にもどろう. 初期状態では, $\{v_1\}, \{v_2\}, \cdots, \{v_t\}$ がそれぞれ連結成分であるから, すべての $i = 1, 2, \cdots, t$ に対して $p(i) = 0, s(i) = 1$ とおく. この状態から出発して, $\sigma_1{}^1, \sigma_2{}^1, \cdots$ を一つ一つ加え, それに応じて連結成分を更新していく.

今, すでに $q - 1$ 個の辺 $\sigma_1{}^1, \sigma_2{}^1, \cdots, \sigma_{q-1}{}^1$ を加え, それによって作られる連結成分が根つき木の形で表現されているとしよう. そして, 新たに σ_q を加える. このとき, 次の処理を行う. $\sigma_q{}^1$ は, v_i と v_j をつなぐ枝であったとする. v_i から親を次々とたどった結果, ルーツ $v_{i'}$ へたどり着いたとする. 同様に, v_j から親をたどった結果, ルーツ $v_{j'}$ へたどり着いたとする. このとき, $i' = j'$ か $i' \neq j'$ のいずれかである.

まず $i' = j'$ であったとしよう. この場合には, v_i と v_j が同じ根つき木に属すから, 辺 $\sigma_q{}^1$ は, 同一の連結成分に属す頂点をつないでいると判定する.

次に $i' \neq j'$ であったとしよう. この場合には, v_i と v_j は異なる連結成分に属す. そのため, それらの二つの連結成分を融合して, 一つにまとめなければならない. このときには, 小さいほうの根つき木を大きいほうの根つき木のルーツにぶらさげる. 根つき木の大きさは $s(i')$ と $s(j')$ から読み取れるから, どちらが大きいかは高速に判定できる.

たとえば, 図 6.8 (a) に示すように, v_i を含む根つき木のほうが, v_j を含む根つき木より大きかったとしよう. このときには, 同図の (b) に示すように, $v_{j'}$ の親を $v_{i'}$ とすればよい. すなわち,

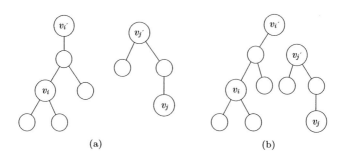

図 **6.8** 連結成分の融合

$$p(j') \leftarrow i', \quad s(i') \leftarrow s(i') + s(j')$$

によって $p(j')$ と $s(i')$ を書き換える．

辺 $\sigma_q{}^1$ を追加したときの上の処理で最も時間を要するのは，v_i と v_j からルーツまでたどる作業である．この作業時間を見積るため，最も遠い頂点からルーツまでたどるまでに通る枝の数——これを，この根つき木の深さ (depth) という——と，この根つき木の大きさとの関係を調べよう．次の性質が成り立つ．

性質 6.1 v_i をルーツとする根つき木の深さは，高々 $\lfloor \log_2 s(i) \rfloor$ である．ただし $\lfloor x \rfloor$ は，x 以下の最大の整数を表す．

証明 $a = s(i)$ に関する帰納法で示す．まず $a = 1$ のときは深さは 0 であるから，深さが $\lfloor \log_2 s(i) \rfloor$ であるという主張は正しい．次に，大きさ a 未満の根つき木に対して主張が正しいと仮定する．v_j と v_k をルーツとする二つの根つき木の融合によって，大きさ $a = s(i)$ の根つき木が得られたとする．一般性を失うことなく，$s(j) = b \leq s(k) = c < a = b + c$ と仮定できる．帰納法の仮定から，ルーツ v_j, v_k の根つき木の深さはそれぞれ $\lfloor \log_2 b \rfloor$, $\lfloor \log_2 c \rfloor$ 以下である．融合によって得られる根つき木の深さは高々 $\max\{\lfloor \log_2 b \rfloor + 1, \lfloor \log_2 c \rfloor\}$ である．一方，

$$\lfloor \log_2 a \rfloor \geq \lfloor \log_2 2b \rfloor = 1 + \lfloor \log_2 b \rfloor, \tag{6.7}$$

$$\lfloor \log_2 a \rfloor \geq \lfloor \log_2 c \rfloor \tag{6.8}$$

であるから，v_i をルーツとする根つき木の深さは $\lfloor \log_2 a \rfloor$ 以下である．したがって性質 6.1 が成り立つ． ■

さて，頂点は合計 t 個，辺は合計 m 個である．一つの辺 $\sigma_q{}^1$ を追加したときには，$\sigma_q{}^1$ の両端の頂点からルーツをたどる処理がそれぞれ $\log_2 t$ に比例する時間ででき，それ以外の処理は t によらない一定時間でできる．したがって，すべての辺を追加するときの全体の処理時間は $O(m \log t)$ である．このようにして，アルゴリズム 6.2 のステップ 3 は（したがって同じようにステップ 4 も），高速に実行できる．

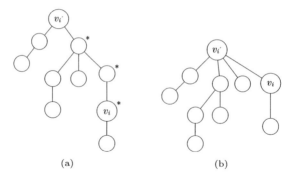

図 6.9 たどった頂点のつなぎ換え

念のために　処理を工夫すると，上の計算時間はさらに短縮できる．頂点 v_i から親へ親へとルーツまでたどる際に，たどった途中の頂点をすべて記憶しておく．そして，ルーツ $v_{i'}$ へ到達したとき，途中のすべての頂点に対して，その親を $v_{i'}$ に変更する．たとえば，図 6.9 (a) に示す根つき木において，v_i からルーツへたどったとすると，図に*で示す 4 個の頂点を途中でたどる．それらの頂点の親をルーツに書き換えると，同図の (b) に示すように，ルーツ $v_{i'}$ の子が増え，根つき木全体の深さが減る．このような親の書き換えは，この時点では余分な処理であるが，その後の連結成分の融合の際に，たどるべき頂点の数を減らすという効果が期待できる．実際，詳しい解析によれば，全体の処理時間を $O(m \log t)$ より小さくできる．興味のある読者は [Tarjan (1989)] などを参照されたい．

6.2　閉曲面の基本的性質

ここでは，トーラス面や（3 次元球体の表面をなす 2 次元）球面などの，閉曲面に関する基本的性質をまとめる．閉曲面の世界は，ホモロジーやホモトピーという位相不変量が完全な不変量になる——すなわち，その不変量を調べるだけで，二つの位相空間が同相か否かを判定できる——という意味で，重要である．そして，その完全性を導く厳密な数学理論もおもしろい．しかし，3 次元空間に置かれた 2 次元の曲面は，直観的にもとらえやすいから，ここでは，直

観に訴えた説明を中心として，結果だけをまとめる．

(1) 2次元ホモロジー多様体

K を n 次元複体とし，P を多面体 $|K|$ の1点とする．K に属す単体のうちで，P を含むものの全体とそのすべての辺単体からなる集合を K における P の**星状体**または**星状複体** (star complex) といい，$S_K(\mathrm{P})$ で表す．星状体は，K の部分複体である．図 6.10 に，星状体の例を灰色領域で示した．この図の (a) は P が頂点の場合，(b) は P が辺上の点の場合，(c) は P が三角形の内点の場合である．

K における点 P の星状体に属す単体 $\sigma \in S_K(\mathrm{P})$ で，P を含まないものをすべて集めてできる集合を，K における P の**まつわり複体** (link complex) といい，$L_K(\mathrm{P})$ で表す．図 6.10 (a), (b), (c) では，P のまつわり複体を太線で表した．

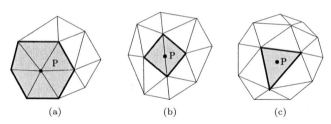

図 6.10 星状体とまつわり複体

複体 K における P の星状体は，K の部分複体 K' で，P が対応する多面体 $|K'|$ の内点となるような最小の複体である．そして P のまつわり複体は，その星状体の境界がなす複体である．この二つの複体は，P の周りの局所的な構造をとらえるための道具である．

まつわり複体 $L_K(\mathrm{P})$ のホモロジー群 $H_q(L_K(\mathrm{P}))$, $q = 0, 1, 2, \cdots$ を，K の点 P における**局所ホモロジー群** (local homology group) という．たとえば，P が n 次元単体の内点のときには

$$H_q(L_K(\mathrm{P})) = \begin{cases} \mathbf{Z} & (q = 0, n-1), \\ 0 & (q \neq 0, n-1) \end{cases} \tag{6.9}$$

である.

　(M,τ) を位相空間とする．このとき，M は点の集合で，τ は開集合の族である．今までと同じように，開集合は，ユークリッド距離から決まるものを考える．したがって，τ は省略し，M のことを位相空間または図形とよぶ．

　K を複体とし，t を多面体 $|K|$ から図形 M への位相同型写像とするとき，(K,t) を M の**単体分割** (simplicial decomposition) という．図形 M に対して，M の単体分割 (K,t) が存在するとき，M は**単体分割可能**であるという．

　たとえば，図 6.11 に示すように，正二十面体の表面の三角形とそのすべての辺単体で構成される 2 次元複体を K とし，この複体の 1 次元単体（線分）を，球面 M に書き写すことによって，M は曲線で囲まれた三角形領域に分割される．この書き写しに伴って $|K|$ から M への同相写像 t を作ることができる．このとき (K,t) は球面 M の単体分割である．M と $|K|$ は同相だから，図形 M の位相的性質を調べたかったら多面体 $|K|$ の位相的性質を調べればよい．そのためには，$|K|$ の複体の構造 K を手がかりとして利用することができる．

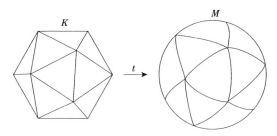

図 **6.11**　図形の単体分割

　M を単体分割可能な図形とし，(K,t) を M の単体分割とする．ある自然数 n が存在して，M の任意の点 P に対して，P における局所ホモロジー群 $H_q(L_K(\mathrm{P}))$ が

$$H_q(L_K(\mathrm{P})) \cong H_q(S^{n-1}) \quad (q=0,1,2,\cdots) \qquad (6.10)$$

を満たすとき，M を**ホモロジー多様体** (homology manifold) と言い，n を M の次元という．

局所ホモロジー群とは，P のまつわり複体のホモロジー群であった．そして，まつわり複体とは，P の周りの単体を集めてできる局所的な多面体の表面がなす複体であった．これが $n-1$ 次元球面 S^{n-1} と同じホモロジー群をもつという性質がすべての P について成り立つとき，M をホモロジー多様体というのである．したがって，その"気持ち"は，すべての点 P の周りの局所的構造が n 次元ユークリッド空間の局所的構造と同じものを，ホモロジー群の構造を手がかりとして特徴づけようとしたものが n 次元ホモロジー多様体である．

以下では，特に，2 次元ホモロジー多様体 M に注目する．これは，M のすべての点 P において，P のまつわり複体が 1 次元球面 S^1（すなわち円周）と同じホモロジー群をもつ図形である．このような図形は，**閉曲面** (closed surface) ともよばれる．

閉曲面は次の性質を満たす．

性質 6.2 M を 2 次元ホモロジー多様体とし，(K, t) を M の単体分割とする．このとき次の (i), (ii) が成り立つ．

(i) K の任意の単体 σ に対して，σ を含む 2 次元単体 $\sigma' \in K$ が存在する．

(ii) K の任意の 1 次元単体に対して，それを辺単体にもつ K の 2 次元単体はちょうど二つある．

(i) は，すべての単体が 2 次元単体に含まれることを意味している．実際，図 6.12 (a) に示す複体のように，2 次元単体に含まれない 1 次元単体 σ があってはいけない．なぜならこの σ の内点 P のまつわり複体は 2 点のみからなり，円周とは同相ではないからである．一方，(ii) は，図 6.12 (b) に示す 1 次元単体

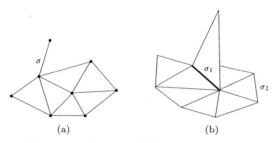

図 6.12　2 次元ホモロジー多様体には許されない状況

σ_1 のように，3 個以上の三角形に含まれたり，同図の σ_2 のように一つだけの三角形に含まれるものはないことを意味している．特に，σ_2 のように図形のへりに相当する部分があってはいけないのだから，球面やトーラスのように閉じていなければならない．2 次元ホモロジー多様体を閉曲面ともよぶのには，このためである．

(2) 向きづけ可能性

2 次元ホモロジー多様体 M のすべての 2 次元単体を並べたものを $\sigma_1{}^2$, $\sigma_2{}^2, \cdots, \sigma_k{}^2$ とする．そして，これらに向きをつけたものを $\langle \sigma_1{}^2 \rangle, \langle \sigma_2{}^2 \rangle, \cdots,$ $\langle \sigma_k{}^2 \rangle$ とする．$\langle \sigma_i{}^2 \rangle = \langle a_0 a_1 a_2 \rangle$ のとき，$\langle a_0 a_1 \rangle, \langle a_1 a_2 \rangle, \langle a_2 a_0 \rangle$ の向きを，それぞれ，$\langle \sigma_i{}^2 \rangle$ から**導かれる**辺単体 $|a_0 a_1|, |a_1 a_2|, |a_2 a_0|$ の向きという．1 次元単体 $|a_i a_j|$ を辺にもつ二つの 2 次元単体を $\langle \sigma_l{}^2 \rangle, \langle \sigma_m{}^2 \rangle$ とするとき，図 6.13 に示すように，$\langle \sigma_l{}^2 \rangle$ から導かれる $|a_i a_j|$ の向きと $\langle \sigma_m{}^2 \rangle$ から導かれる $|a_i a_j|$ の向きが反対のとき，$\langle \sigma_l{}^2 \rangle$ の向きと $\langle \sigma_m{}^2 \rangle$ の向きは**同調** (coherent) しているという．M のすべての 1 次元単体に対して，それを含む二つの 2 次元単体の向きが同調するように 2 次元単体の向き $\langle \sigma_1{}^2 \rangle, \langle \sigma_2{}^2 \rangle, \cdots, \langle \sigma_k{}^2 \rangle$ を定めることができるとき，M は**向きづけ可能** (orientable) であるという．

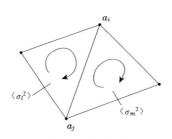

図 6.13 向きの同調

性質 6.3 M を，連結な 2 次元ホモロジー多様体とする．このとき，次の (i), (ii) が成り立つ．

(i) $H_2(M)$ は $\mathbf{Z}$ と同型であるか，あるいは 0 である．

(ii) M が向きづけ可能であるためには，$H_2(M) \cong \mathbf{Z}$ であることが必要かつ十分である．

(3) 閉曲面の多角形表示

すでに見たように，トーラスは，図 6.14 (a) に示すように，正方形の向き合う辺を同一視して作ることができる．すなわち，頂点 a, b, c, d がこの順に並ぶ正方形に対して，辺 da と辺 cb をこの向きに同一視し，辺 ab と辺 dc をこの向きに同一視することによってトーラスができる．

球面も正方形から作ることができる．すなわち，図 6.14 (b) に示すように，辺 ab と辺 cb をこの向きに同一視し，辺 ad と辺 cd をこの向きに同一視すればよい．

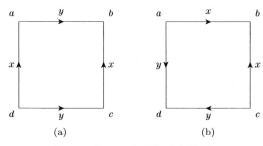

図 6.14 トーラスと球面の多角形表示

もっと複雑な閉曲面も，同じように $2n$ 角形の辺を二つずつ対にしてそれを同一視することによって作ることができる．たとえば，図 6.15 (a) に示す二つの穴をもつ閉曲面は，同図の (b) に示すように切れ目を入れて，多角形と同相な図形へ切り開くことができる．切断で両側に分かれた切り口の曲線に x, y, z, u と名前をつけると，切り開いたのちの図形は，同図の (c) のように八角形で表すことができる．辺には，切り口の名前 x, y, z, u が 2 回ずつ現われる．辺の矢印は，辺を同一視してもとの曲面へもどすとき，一致させるべき向きを表す．

一般に次の性質が成り立つ．

性質 6.4 $2n$ 角形 ($n \geq 2$) の辺を，任意に 2 個ずつ対にし，その対となる辺を同一視することによって，連結な 2 次元ホモロジー多様体ができる．また，すべての連結な 2 次元ホモロジー多様体は，この方法で構成できる．

この性質に基づいて閉曲面の位相的構造を凸 $2n$ 角形で表すために，次の約

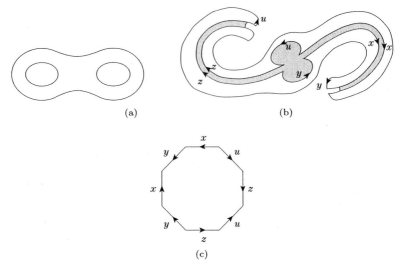

図 6.15　二つの穴をもつ閉曲面とその多角形表示

束を設ける．図 6.15 (c) に示すように，$2n$ 角形 Q の $2n$ 個の辺のうち，互いに対にする辺に同じ文字を割り当てる．また，同一視するとき一致させる向きを図に示すように矢印で表す．

Q を一回りする向き——たとえば反時計回りの向き——を定める．そして，この向きに Q を一回りするとき，それと同じ向きに矢印のついた辺に対しては，そこにつけられた文字 $x, y, z, \cdots$ をそのまま書き，逆向きに矢印のついた辺に対しては，そこにつけられた文字の右肩に -1 をつけて，$x^{-1}, y^{-1}, z^{-1}, \cdots$ と書くことにする．そして，Q を 1 周するとき現れる辺の記号をその順に並べて文字列を作る．たとえば，図 6.15 (c) に示す八角形では，$xyx^{-1}y^{-1}zuz^{-1}u^{-1}$ という文字列が得られる．これを，閉曲面の**多角形表示** (polygonal schema) という．

閉曲面の多角形表示において，それぞれの文字は 2 回ずつ現れる．文字 x が $\cdots x \cdots x^{-1} \cdots$ または $\cdots x^{-1} \cdots x \cdots$ の形で現れるとき，x は**第 1 種**であるという．一方，$\cdots x \cdots x \cdots$ または $\cdots x^{-1} \cdots x^{-1} \cdots$ の形で現れるとき，x は**第 2 種**であるという．

閉曲面 M の単体分割を (K, t) とする．M の多角形表示を得るためには，M

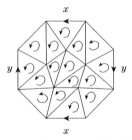

図 6.16　多角形表示における単体の向きづけ

に切れ目を入れて開かなければならないが，その切れ目が，ちょうど対応する複体 K の辺に沿って入れられているとしよう．このとき，切り開いてできる多角形表示に複体 K の構造も重ねて描くと，図 6.16 に示すように，内部を三角形に分割した多角形が得られる．この多角形表示の中で隣り合う三角形の向きが同調するように，すべての三角形に向きをつけたとしよう．一つの三角形に対して，二つの可能な向きのうちの一方を固定すれば，それと同調する向きが，他のすべての三角形に対して一義的に決まる．

図 6.16 の文字 x のように第 1 種の辺の対に対しては，これらを同一視したとき，両側の三角形の向きは同調する．一方，同じ図の文字 y のように第 2 種の辺の対に対しては，それらを同一視したとき，両側の三角形の向きは同調しない．したがって，1 組でも第 2 種の辺対があれば，その複体に向きを定めることはできない．すなわち，次の性質が成り立つ．

性質 6.5　多角形表示 Q をもつ 2 次元ホモロジー多様体が向きづけ可能であるためには，同一視されるすべての辺対が第 1 種であることが必要かつ十分である．

一つの閉曲面 M の多角形表示は一義的ではない．なぜなら，M を切り開く方法は何とおりもあり，どのように切り開くかによって多角形表示も異なるからである．たとえば，図 6.17 (a) に示す多角形表示に対して，この図の破線に沿ってこの多角形を切断し，かわりに文字 x で表した二つの辺を同一視すると，同図の (b) に示す多角形が得られる．このとき，切断して二つに分かれた辺の組も同一視すべきものであるから，新しい文字 w を用いてそのことを表す．そ

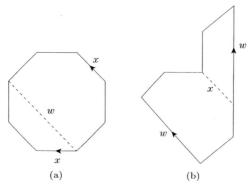

図 **6.17** 同一の閉曲面の異なる多角形表示

の結果,(b) の多角形の辺の順序を保ったまま凸多角形へ変形させたものも,同じ閉曲面の別の多角形表示となる.

閉曲面 M の多角形表示を Q とする.辺の同一視によって頂点も互いに同一視される.M の多角形表示 Q をうまく選ぶと,Q のすべての頂点が同一視されるようにできる.このことは次のようにして示すことができる.今,辺の同一視によって Q の頂点 $b_1, b_2, \cdots, b_m$ が同一視され,Q の残りの頂点はこれらとは同一視されないとしよう.このとき,Q の辺 $x = b_j c$ で c が $b_1, b_2, \cdots, b_m$ のどれとも一致しないものがある.図 6.18 (a) に示すように,c に接続するもう一つの辺を $y = cd$ とする.ここで場合を二つに分けることができる.

第一の場合は,x と y が同じ文字の場合である.このとき,x と y は同一視される辺対であるが,第 2 種ではあり得ない.なぜなら,c と b_j は同一視されないからである.したがって,第 1 種でなければならないが,このときには,x と y を同一視すると,図 6.18 (b) に示すように,d と b_j が一致し,辺 x と y が消えるが,その結果はやはり多角形である.すなわち頂点が二つ少ない多角形となる.そしてこれも M の多角形表示である.

第二の場合は,x と y が異なる文字の場合である.このときには,三角形 $b_j cd$ を多角形から切り離し,図 6.18 (c) に示すように,切り離した三角形を,文字 y に対応する辺の組の同一視によってつなぐ.このとき,b_j から分かれてできる新しい頂点を b'_j とおく.b_j と b'_j は辺の同一視によって同じ点となる.すなわち,新しい多角形表示では,$m + 1$ 個の頂点 $b_1, b_2, \cdots, b_m, b'_j$ が同一視

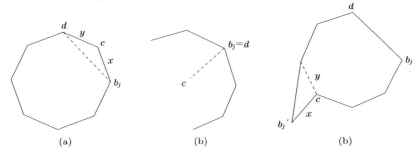

図 **6.18** 多角形表示の標準形への変形過程

されることになる.

このように,図 6.18 の (a) から (b) または (c) への変形によって,頂点自身の数が減るか,あるいは頂点の数は変わらないままで同一視される頂点の数が増えるかのいずれかである.したがって,この操作をくり返せば,最後には,すべての頂点が同一視される多角形表示に到達できる.このようにして,閉曲面の多角形表示の "標準形" とも言うべきものが得られるのだが,このとき,さらに次の性質が成り立つ.

性質 6.6 連結な 2 次元ホモロジー多様体 M は,次の多角形表示のいずれかをもつ.

(i) xx^{-1}
(ii) $x_1 y_1 x_1^{-1} y_1^{-1} x_2 y_2 x_2^{-1} y_2^{-1} \cdots x_k y_k x_k^{-1} y_k^{-1}$
(iii) $x_1 x_1 x_2 x_2 \cdots x_l y_l$

特に (i) と (ii) は M が向きづけ可能な場合で,(iii) は M が向きづけが不可能な場合である.

上の表示の例を見てみよう.

(i) の場合は 2 角形の二つの辺を同一視するもので,2 次元球面 S^2 と同相な閉曲面が得られる.

(ii) で $k=1$ の場合は,図 6.14 (a) で見たように,トーラスとなる.(ii) の $k=2$ の場合は,図 6.15 に見たように,二つの穴をもつ閉曲面となる.さらに一般の k に対しては,図 6.19 (a) に示すように,各 $i=1,2,\cdots,k$ に対し

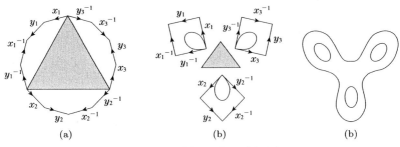

図 6.19 3個の穴をもつ閉曲面の多角形表示

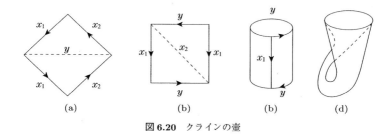

図 6.20 クラインの壺

て，$x_i y_i x_i^{-1} y_i^{-1}$ を一つのまとまりとみなすと，それぞれがコーヒーカップの取っ手と同相な部品となり，それを中央の灰色部分の部品とつなぎ合わせると，k 個の穴をもつ閉曲面となる．

一方，(iii) において $l=2$ の場合を図 6.20 に示した．多角形表示 $x_1 x_1 x_2 x_2$ は，図 6.20 (a) に破線で示すように，対角線 y で切り離して，x_2 で表される辺を同一視すると，同図の (b) に示す多角形表示へ移る．このとき，x_1 は第1種，y は第2種である．x_1 で表される辺の組を同一視すると，同図 (c) に示すように，円筒となる．次に y で表される辺の組を同一視すると，同図の (d) に示す閉曲面が得られる．この閉曲面は，3次元空間の中で実現しようとすると自分自身を貫く曲面となる．この閉曲面は**クラインの壺** (Klein bottle) とよばれている．

(iii) の一般の l の場合は，このクラインの壺のような穴を l 個もつ向きづけ不可能な閉曲面となる．

性質 6.6 の場合 (ii) の正整数 k および場合 (iii) の正整数 l を，この閉曲面の

種数 (genus) という．場合 (i) の閉曲面に対しては種数は 0 と定義する．

閉曲面のホモロジー群に関しては，性質 6.6 に対応して次の性質が成り立つ．

性質 6.7 M を，連結な 2 次元ホモロジー多様体とする．M が，性質 6.6 の (i), (ii), (iii) のそれぞれの場合に対応して，そのホモロジー群は次のとおりである：

(i) $H_0(M) \cong H_2(M) \cong \mathbf{Z}, \quad H_1(M) = 0;$ (6.11)

(ii) $H_0(M) \cong H_2(M) \cong \mathbf{Z},$

$H_1(M) \cong \mathbf{Z} \oplus \mathbf{Z} \oplus \cdots \oplus \mathbf{Z}$ ($2h$ 個の $\mathbf{Z}$ の直和); (6.12)

(iii) $H_0(M) \cong \mathbf{Z}, \quad H_1(M) \cong \mathbf{Z} \oplus \mathbf{Z} \oplus \cdots \oplus \mathbf{Z} \oplus \mathbf{Z}_2$

($l-1$ 個の $\mathbf{Z}$ と 1 個の $\mathbf{Z}_2$ の直和)，

$H_2(M) = 0.$ (6.13)

このように，位相同型ではない閉曲面に対して，そのホモロジー群は互いに異なる．したがって，閉曲面に限った世界では，ホモロジー群が一致するか否かを見れば，二つの閉曲面が同相か否かを判定できる．この意味で，ホモロジー群は，この世界の中では完全な位相不変量となっている．

(4) 三角形メッシュの正しさの判定

1.1 節の (4) では，閉曲線の内部に有限要素法のための三角形メッシュが正常に作られているか否かを判定する問題を紹介したが，本節の知見を利用すると，この問題に答えることができる．今までは，2 次元ホモロジー多様体として特徴づけられる閉曲面について考えてきたが，次に，これと，円周 S^1 を境界にもつ曲面との関係を調べてみよう．

M を向きづけ可能な種数 g の閉曲面とし，(K,t) を M の単体分割とする．K の辺をたどる頂点列 $\Gamma = l(a_0 a_1 a_2 \cdots a_{m-1} a_0)$ を，S^1 と同相な折れ線ループとする．そして，この折れ線ループは，0 とホモトープであるとする．Γ によって K は——したがって M も——二つの連結領域に分けられる．これらを M' と M'' とおこう．$M' \cap M'' = \Gamma$ である．$p = 0, 1, 2$ に対して M', M'' に属する p 次元単体の個数を，それぞれ k_p', k_p'' とおく．ただし，このとき，0

次元単体および 1 次元単体で Γ 上にあるものは数えない．一方，M に属す p 次元単体の個数を k_p とおく（$p = 0, 1, 2$）．このとき，Γ に属す辺と頂点の数は，どちらも m であるから，次の式が成り立つ：

$$k_0 = k_0{}' + k_0{}'' + m,$$
$$k_1 = k_1{}' + k_1{}'' + m, \qquad (6.14)$$
$$k_2 = k_2{}' + k_2{}''.$$

したがって，

$$\begin{aligned}\chi(M) &= k_0 - k_1 + k_2 \\ &= (k_0{}' + k_0{}'' + m) - (k_1{}' + k_1{}'' + m) + k_2{}' + k_2{}'' \\ &= k_0{}' + m - (k_1{}' + m) + k_2{}' + k_0{}'' + m - (k_1{}'' + m) + k_2{}'' \\ &= \chi(M_1) + \chi(M_2) \end{aligned} \qquad (6.15)$$

である．

今，M'' は円板 B^1 と同相であるとしよう．このとき $\chi(M'') = 1$ である．また，M は，向きづけ可能で種数が g であるから $\chi(M) = 2 - 2g$ である．したがって

$$\chi(M') = \chi(M) - \chi(M'') = (2 - 2g) - 1 = 1 - 2g \qquad (6.16)$$

である．

三角形メッシュが，図 1.4 (a) に示すように，S^1 の内部に "すなおな" 面を張るものであるためには，M が球面 S^2 と同相な閉曲面でなければならない．このとき $g = 0$ であるから

$$\chi(M') = 1 - 2g = 1 \qquad (6.17)$$

である．

一方，三角形メッシュのオイラー数 $\chi(M')$ は，M' を構成する単体の個数から

$$\chi(M') = k_0{}' + m - (k_1{}' + m) + k_2{}' = k_0{}' - k_1{}' + k_2{}' \qquad (6.18)$$

で計算できる．したがって，メッシュが正常にできているためには

$$k_0' - k_1' + k_2' = 1 \tag{6.19}$$

でなければならない．

このように，三角形メッシュを構成している頂点，辺，三角形の数を数え上げれば，メッシュが正常か否かを判定することができる．

6.3 閉曲面に関する計算

M を閉曲面とし，(K, t) を M の単体分割とする．この節では，複体 K を手がかりとして M の性質を計算するアルゴリズムについて考える．

(1) 多角形表示の計算

閉曲面 M の単体分割 (K, t) が与えられたとき，K をいくつかの辺（1次元単体）に沿って切り開いて多角形にすれば，M の多角形表示が得られる．しかし，どこで切り開くべきかを決定することはそれほど容易ではない．ある線に沿って切り開いてみて，うまくいかなかったらあと戻りし，別の線に沿って切ってみるという試行錯誤的方法では大きな手間がかかってしまう．

でも，うまい方法がある．それは，切り開いてみるという考え方をやめて，一つの三角形から出発して，それを成長させて多角形表示を作っていくという方法である．すなわち，次のアルゴリズムが得られる．

アルゴリズム 6.3 (多角形表示の計算)
入力：閉曲面と同相な複体 K．
出力：$|K|$ の多角形表示 Q．

手続き：
1. K の任意の 2 次元単体 $\sigma_0{}^2 = |a_0 a_1 a_2|$ を選び，次の 1.1, 1.2 を行う．
　　1.1. $A \leftarrow \{\sigma_0{}^2\}$ とおく．
　　1.2. 辺の閉じた列 $(|a_0 a_1|, |a_1 a_2|, |a_2 a_0|)$ を Q とおく．
2. A に含まれない 2 次元単体のうち，Q と辺を共有するもの $\sigma = |a_i a_{i+1} b|$

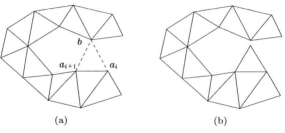

図 **6.21** 多角形の成長過程

を一つ選ぶ．ただし，$|a_i a_{i+1}|$ が Q に属す辺であるとする．そして，次の 2.1, 2.2 を行う．

2.1. $A \leftarrow A \cup \{\sigma\}$ とおく．

2.2. Q から $|a_i a_{i+1}|$ を削除し，そこに二つの辺からなる列 $|a_i b|, |b a_{i+1}|$ を挿入する．ただし，Q に属す辺の端点として b がすでに存在していたときには，$|a_i b|, |b a_{i+1}|$ の b にはそれとは異なる新しい頂点名をつける．

3. K に属すすべての 2 次元単体が A に含まれれば，Q を出力して処理を終了する．そうでなければ，ステップ 2 へ行く． ∎

上のアルゴリズムのステップ 2 で，新しく選んだ 2 次元単体 $\sigma = |a_i a_{i+1} b|$ の頂点 b が，すでに Q に含まれる辺の端点となっている状況の例を図 6.21 (a) に示した．このような状況では，σ の頂点 b を新しい頂点とみなし，Q は，同図の (b) に示すような閉曲線とみなすというのが，ステップ 2.2 の後半で述べてあることである．これによって，どのような順序で三角形を加えても，Q は一つの多角形の境界を表すことになり，アルゴリズムの目的が達せられる．

Q に新しく追加された辺の A とは反対側の三角形を別のリスト L に記録し，ステップ 2 では，L の中から一つの三角形を取り出すという処理を行うことによって，このアルゴリズムを効率よく実行することができる．実際，K に属す単体の数を n とすると，このアルゴリズムの計算量は $O(n)$ である．

(2) 多角形表示の最小化

アルゴリズム 6.3 で構成される多面体表示は，一般に辺の数が多い多角形表示となる．次に，これを辺数最小の多角形表示へ変換する方法を考えよう．

アルゴリズム 6.3 で得られる多角形 Q は，複体 K 上の 1 次元単体の列——ただし同じものが二度現れても，これらは別のものとみなして作られた列——である．Q に現れる 1 次元単体で，K の中で同じものは同じとみなして得られる 1 次元単体の集合を E とし，E に属す 1 次元単体の端点の集合を V とおく．単体集合 $E \cup V$ は複体 K の 1 次元部分複体である．1 次元単体は**グラフ** (graph) ともよばれる．ここでは，1 次元複体 $E \cup V$ を，次元ごとの単体を陽に区別して，グラフ (V, E) とよぶことにする．V の要素を**頂点**，E の要素を**辺**とよぶ．

グラフ (V, E) は連結である．なぜなら，辺の同一視を行う前の Q は多角形の境界であり，連結であるからである．E の部分集合で，ループを含まない極大のものの一つを Y とおく．Y は連結で，しかも V に属すすべての頂点が，Y に属すいずれかの辺の端点である．なぜなら，Y が連結でないと仮定すると，Y の連結成分の間をつなぐ辺を Y に追加してもループはできないが，これは Y の極大性に反するからである．このように，V に属すすべての頂点をつなぎ，しかもループを含まない辺集合 Y とその端点からなるグラフを，グラフ (V, E) の**全域木** (spanning tree) という．

(K, t) を閉曲面 M の単体分割とする．グラフ (V, E) の頂点と辺を写像 $t : |K| \to M$ で M へ移した像は，V に対応する曲面 M 上の点を曲線でつないでできる線図形と考えることができる．この図形の接続の仕方を変えないで，頂点の位置を連続に変化させ，それに伴って辺の位置と長さを変えるとしよう．特に，全域木 Y に属す辺を次第に短くしていき，最終的にそれらの辺の長さを 0 へもっていったとしよう．すなわち，Y に属すすべての辺とその端点を 1 点へ縮めてしまうのである．この操作を，Y に属す辺の**短絡除去** (short cut) という．それに伴って他の辺（すなわち $E - Y$ に属す辺）を長く伸ばさなければならないが，Y はループを含まないから，それを 1 点へ縮めても，グラフ (V, E) に対応する線図形で囲まれた曲面 M 上の一つの領域の面積が 0 になってしまうことはない．すべての領域の接続関係は，$E - Y$ に属す辺を伸ばすこ

とによって保つことができる．その結果として得られる M 上の線図形に沿って切り開いても，同じように，一つの多角形に対応する構造が得られるはずである．しかも，Y に属す辺は消滅しているから，多角形の大きさは $|E|-|Y|$ となる．

実際，グラフ (V,E) の全域木は一般には何とおりも存在するが，それらは常に同数の辺を含む．そして，この方法によって，辺数が最小の多角形表示が得られるのである．

以上で見てきた手続きは，次のようにまとめることができる．

アルゴリズム 6.4 (閉曲面の多角形表示の最小化)
入力：閉曲面と同相な複体 K の多角形表示 Q．
出力：K の辺数最小の多角形表示 Q'．

手続き：
1. Q に属す辺とその端点に対応する K 上の1次元単体集合 E と0次元単体集合 V からなるグラフ (V,E) の全域木 Y を一つ見つける．
2. Y に属す辺に対応する Q 上の各辺に対して，その辺を短絡させる（すなわち，その辺の両端点を同一視し，同時にその辺を削除する）．
3. 最終的に残った辺の閉じた列を Q' とおき，これを出力して処理を終了する．

グラフの全域木 Y に属さない辺 e を1本でも Y に追加するとループができる．これは，e の両端点がどちらも Y に属す辺の端点となっていることを意味している．したがって Y に属す辺とその端点を1点に収縮させると，残された多角形 Q' のすべての頂点は，辺の同一視によって，同一の点——すなわち Y を収縮させた点——とみなされる．このことは，多面体表示の"標準形"では，すべての頂点が共通の1点として同一視されるという事実と合致している．

グラフ (V,E) に属す頂点の数と辺の数の合計を n とすると，その全域木は $O(n)$ の計算時間で求めることができる（たとえば [浅野，今井，2000] を参照）．したがって，上のアルゴリズムの計算量も $O(n)$ である．

(3) ホモトープ性の判定

(K,t) を閉曲面 M の単体分割とする．K の辺からなる折れ線ループを $\Gamma = l(a_0 a_1 \cdots a_k a_0)$ とする．ここでは，この Γ が 0 とホモトープか否かを判定するための Dey (1994) によるアルゴリズムを紹介する．

今までと同じように，K の——したがって M の——多角形表示を Q とする．ただし，この Q は辺数最小のものではなく，複体 K からアルゴリズム 6.3 で作られるものとしよう．Q に対応する K 上の辺と頂点からなるグラフを (V,E) とする．また Y を，このグラフの全域木とする．

図 6.22 (a) に示すように，Γ が Q と交差していなかったら，Γ は一つの多角形の中のループと等価だから，0 とホモトープである．したがって，以下では，同図の (b) に示すように，Γ が Q と交差している場合だけを考える．

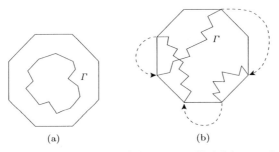

図 6.22 多角形表示の境界と交差しないループと交差するループ

ループ Γ を，多角形表示 Q の境界と交差するところで切断して，折れ線 $u_1, u_2, \cdots, u_r$ に分割されたとしよう．各折れ線 u_i $(1 \leq i \leq r)$ は，Q の境界上の 2 頂点 b_{i1}, b_{i2} をつなぎ，Q の内部および境界上を連続にたどる道である．Q は多角形であるから，u_i は Q の境界上で 2 頂点 b_{i1} と b_{i2} をつなぐ道——時計回りと反時計回りの二つが選べるが，どちらでもよい——とホモトープである．この境界上の道を $u_i{'}$ としよう．

さらに，各 $i = 1, 2, \cdots, r$ に対して，道 $u_i{'}$ を構成する辺のうちで全域木 Y に属すものを短絡除去して得られる道を w_i としよう．最小辺数の多角形表示 Q' の各境界辺には名前 $x_1, x_2, \cdots$ と向きが与えられている．w_i は，この名前を並べた記号列で表すことができる．ただし，b_{i1} から b_{i2} へ境界上の道をた

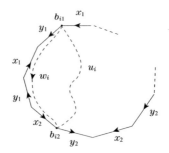

図 6.23　道 u_i とホモトープな境界上の道 w_i

どったとき，現れる辺の名前をその順に採用し，道が向きと同じ方向をもつときにはその名前 $x_1, x_2, \cdots$ 自身を記し，逆の方向をもつときには右肩に -1 をつけた名前 $x_1^{-1}, x_2^{-1}, \cdots$ を記す．

たとえば，図 6.23 に示すように，b_{i1} から b_{i2} へ行く道 u_i を考えよう．この多角形表示では，全域木 Y に属す辺はすでに短絡除去されているものとする．このとき w_i として，頂点 b_{i1} から頂点 b_{i2} へ多角形の境界を反時計回りにたどる道を選ぶと，$w_i = y_1 x_1^{-1} y_1^{-1} x_2$ となる．

さて，このようにして得られた道 $w_1, w_2, \cdots, w_r$ をこの順に接続したもの

$$w = w_1 \cdot w_2 \cdot \cdots \cdot w_r \tag{6.20}$$

は，ループ Γ とホモトープなループである．したがって，Γ が 0 とホモトープか否かは，w が 0 とホモトープか否かを調べればわかる．w の中に，同一辺の名前 z が $w = w' z z^{-1} w''$ または $w = w' z^{-1} z w''$ の形で現れているとしよう．ただし w' と w'' は w の部分列である．このときには，もとの複体 K において，辺 z を一方向にたどった直後に逆方向にたどることを表しているから，z をたどらなかった場合とホモトープである．したがって w から zz^{-1} または $z^{-1}z$ を除いて，$w = w'w''$ に置き換えてもホモトープ性は変わらない．そこで，この形の置き換えをできる限り行ったあと，すべての文字が除去されて $w = 0$ となれば，w は――したがってもとのループ Γ も――0 とホモトープであると判定できる．

では，この書き換えをできる限り行ったあとも何らかの文字が残る場合は，w は 0 とホモトープではないと言えるであろうか．実はそうとは限らない．たと

6.3 閉曲面に関する計算　　　　　　　　　　　　　　　　　　　　　　　149

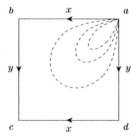

図 6.24　トーラス状のループ $xyx^{-1}y^{-1}$

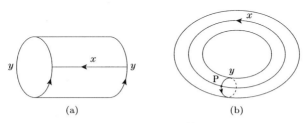

図 6.25　トーラスの構成

えば多角形表示 $Q = xyx^{-1}y^{-1}$ をもつトーラスにおいて $w = xyx^{-1}y^{-1}$ は，上の書き換えは適用できないが，0 とホモトープである．実際，図 6.24 に示す多角形表示 $Q = xyx^{-1}y^{-1}$ において，基点 a から出発して，この多角形の境界を反時計回りに 1 周するループが $w = xyx^{-1}y^{-1}$ である．そしてこの図の破線で示すように，このループは，基点 a は固定したまま多角形の内部へ連続な変形で縮小していって，最後には点 a のみにできるから，0 とホモトープである．

　このことは，トーラス面上でのループの変形によっても理解できる．図 6.24 の多角形表示から，図 6.25 (a) に示すように，まず辺 x を同一視して円筒を作り，次に，同図の (b) に示すように，辺 y を同一視してトーラス面へ作り上げたとしよう．このとき，図 6.24 の多角形表示の 4 つの頂点 a, b, c, d は，図 6.25 (b) に示すようにすべて 1 点 P に一致する．ここで，a から b を通って c へ到る道 $w_1 = xy$ は，トーラス上では，図 6.26 (a) に示すように，P から出発してまず穴の周りを 1 周し，次に胴の周りを 1 周する．これを，この図の (b)，(c) に示すように，連続に変形していくと，まず胴の周りを 1 周

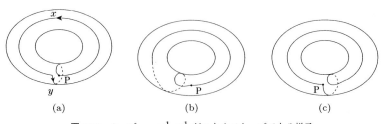

図 6.26 ループ $xyx^{-1}y^{-1}$ が 0 とホモトープである様子

し,そのあとで穴の周りを 1 周するループへ移すことができる.したがって,w_1 は,$w_2 = yx$ とホモトープである.そこで,w_1 のあとに w_2 の向きを反転させたもの w_2^{-1} をつなげば,0 とホモトープなループができる.すなわち $0 = w_1 \cdot w_2^{-1} = xy(yx)^{-1} = xyx^{-1}y^{-1}$ であることがわかる.

では,一般にどのようなループが 0 とホモトープなのであろうか.これに関しては,次のことが知られている.

M を,種数 g が 1 以上の閉曲面とする.性質 6.6 で特徴づけられる M の多角形表示を Q とする.Q は,M が向きづけ可能ならば $4g$ 角形であり,向きづけ不可能ならば $2g$ 角形である.この多角形 Q のコピーを無限個作り,それらを同一視されるべき辺に沿ってくっつけ,平面を Q のコピー(の位相的性質は保ったまま形を連続に変形させたもの)でタイル貼りにする.この平面のタイル貼り図形を,M の普遍被覆空間 (universal covering space) という.

たとえば,図 6.24 に示したトーラスの多角形表示から得られる普遍被覆空間は図 6.27 に示すとおりである.また,図 6.28 (a) に示す多角形表示 Q――これは,穴を二つもつ向きづけ可能な閉曲面である――から作られる普遍被覆空間の一つの頂点の周りの局所的な様子を表したのが,図 6.28 (b) である.ここでは多角形表示に現れる 8 本の辺が,すべて頂点 v に接続した形で現れ,Q の 8 個の頂点の角(のコピー)もすべて 1 回ずつ現れている.(a) と (b) では,対応する頂点の角に,同じ名前 A, B, C, D, E, F, G, H をつけて示してある.

これらの例からもわかるように,普遍被覆空間の各頂点には,すべての名前の辺が,頂点に入る向きと頂点から出る向きに接続している.そこで,一つの頂点から出発して,ループを表す記号列 w の記号に従って,次のように移動するものとする.次の文字が x_i なら,x_i という名前をもち,その頂点から出る向

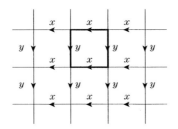

図 6.27 トーラスの普遍被覆空間

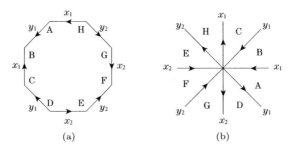

図 6.28 八角形の多角形表示から得られる普遍被覆空間の一つの頂点の周りの様子

きの辺に沿って隣りの頂点まで移動する．一方，次の文字が x_i^{-1} なら，x_i という名前をもち，その頂点へ向かう辺に沿って逆進して隣りの頂点へ移る．このような移動を記号列 w に従った移動とよぶことにする．このとき，次の性質が知られている．

性質 6.8 性質 6.6 に対応する多角形表示をもつ閉曲面 M において，記号列 w が表すループが 0 とホモトープであるための必要十分条件は，対応する普遍被覆空間の一つの頂点から出発して，記号列 w に従った移動を行った結果，出発点に戻ることである．

たとえば，図 6.27 に示す普遍被覆空間において，ループ $w = xyx^{-1}y^{-1}$ に従った移動は，同図の太線で示した経路をたどり，最終的に出発点に戻っている．

以上をまとめると，折れ線ループが 0 とホモトープか否かを判定するための次のアルゴリズムが得られる．

アルゴリズム 6.5 (ループが 0 とホモトープか否かの判定)
入力：閉曲面 M の単体分割 (K, t)，M の多角形表示 Q，Q に対応するグラ

フ (V, E) の全域木 Y, Q から Y に属す辺を短絡除去して得られる最小角数多角形表示 Q', および折れ線ループ $\Gamma = l(a_0 a_1 a_2 \cdots a_k a_0)$.

出力:Γ が 0 とホモトープなら YES, そうでなければ NO.

手続き:
1. Γ を, Q の境界と交差するところで切断し, 折れ線 $u_1, u_2, \cdots, u_r$ に分割する.
2. 各 $i = 1, 2, \cdots, r$ に対して, u_i の始点と終点を結ぶ Q の境界上の折れ線 u_i' を作る.
3. 各 $i = 1, 2, \cdots, r$ に対して, u_i' から, Y に属す辺を短絡除去し, その結果の記号列を w_i とおく.
4. Q' に対応する普遍被覆空間の任意の頂点から出発して, $w = w_1 w_2 \cdots w_r$ に従った移動を行う. その結果, 出発点に戻れば YES を出力し, そうでなければ NO を出力する. ∎

a_0 を始点とし b_0 を終点とする二つの折れ線 $\Gamma = l(a_0 a_1 a_2 \cdots a_k b_0)$, $\Gamma' = l(a_0 a_1' a_2' \cdots a_m' b_0)$ がホモトープであることと, Γ のあとに Γ' を逆向きにたどるループ $\Gamma \cdot (\Gamma')^{-1} = l(a_0 a_1 a_2 \cdots a_k b_0 a_m' a_{m-1}' \cdots a_1' a_0)$ が 0 とホモトープであることとは等価である. したがって, Γ と Γ' がホモトープか否かを調べたかったら, ループ $\Gamma \cdot (\Gamma')^{-1}$ にアルゴリズム 6.5 を適用すればよい.

6.4 ディジタルトポロジー

白い背景に黒で図形が描かれている紙面を考えよう. コンピュータの中でこれを表現する代表的方法の一つは, **ディジタル画像** (digital image) とよばれるものである. これは, 図 6.29 に示すように, 等間隔に置かれた水平および垂直な直線群によって紙面を小さな正方形——これを**画素** (pixel) とよぶ——に分割し, その一つ一つに白または黒を割り当てることによって, 図形を近似的に表す方法である. 本節では, このディジタル画像の性質をトポロジーの観点から眺める.

画素が横に m 個, 縦に n 個並んでいるとしよう. $1 \leq i \leq m, 1 \leq j \leq n$ を

6.4 ディジタルトポロジー

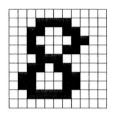

図 6.29 ディジタル画像

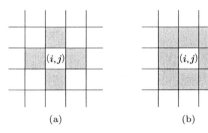

図 6.30 4 近傍と 8 近傍

満たす i と j に対して，左から i 番目，下から j 番目の画素を画素 (i,j) と名づけ，その画素が白ならば $f(i,j) = 0$，黒ならば $f(i,j) = 1$ とおく．ディジタル画像は $f(i,j)$, $i = 1, \cdots, m$, $j = 1, \cdots, n$ で表すことができる．このようにして表されたディジタル画像を，ディジタル画像 f ともよぶ．

ディジタル画像 f において値が 1 の画素を集めてできる領域を**黒図形**といい，

$$B(f) = \{(i,j) \mid f(i,j) = 1\}$$

で表す．一方，値が 0 の画素を集めてできる領域を**白図形**といい，

$$W(f) = \{(i,j) \mid f(i,j) = 0\}$$

で表す．

画素 (i,j) に対して，図 6.30 (a) に灰色で示した四つの画素

$$(i-1, j), \quad (i+1, j), \quad (i, j-1), \quad (i, j+1) \tag{6.21}$$

を画素 (i,j) の **4 近傍** (four-neighbors) という．また，図 6.30 (b) に灰色で示した八つの画素

$$(i-1, j), (i+1, j), (i, j-1), (i, j+1), (i-1, j-1),$$

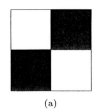 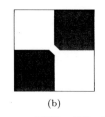 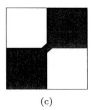

図 **6.31** 4 近傍と 8 近傍の解釈

$$(i+1, j-1), (i-1, j+1), (i+1, j+1) \tag{6.22}$$

を画素 (i, j) の **8 近傍** (eight-neighbors) という．

図 6.31 (a) に示すように，二つの黒画素が斜め 45° の方向に，1 点で接触して並んでいるとき，これを離れているとみなすこともできるし，つながっているとみなすこともできる．画素のつながり方を 4 近傍で考えるか 8 近傍で考えるかが，二つの解釈の違いに対応する．すなわち，4 近傍で隣り合った画素のみがつながっているとみなすと，図 6.31 (b) に示すように，斜めに並んだ二つの画素は離れているとみなされる．一方，8 近傍で隣り合った画素がつながっているとみなすと，図 6.31 (c) に示すように，斜めに並んだ二つの画素はつながっているとみなされる．

二つの画素 $p = (i, j), p' = (i', j')$ に対して，画素の列

$$p = q_0, q_1, q_2, \cdots, q_m = p' \tag{6.23}$$

で，q_i が q_{i+1} の 4 近傍 [8 近傍] であるという性質が $i = 0, 1, \cdots, m-1$ のすべてに対して成り立つものが存在するとき，p と q は **4 連結** (4-connected) [**8 連結** (8-connected)] であるという．互いに 4 連結 [8 連結] であるという性質を満たす極大な画素の集合を，**4 連結成分** (4-connected component) [**8 連結成分** (8-connected component)] という．

たとえば図 6.32 (a) に示すディジタル画像の中の黒図形は，4 近傍で考えると同図の (b) のように，二つの部分に分かれる．したがって，この黒図形は 2 個の 4 連結成分からなる．一方，8 近傍で考えると，同図の (c) のように一つにつながる．したがって，この黒図形は 8 連結である．図 6.32 (a) の白図形も，同じように 8 連結ではあるが，4 連結ではない．

6.4 ディジタルトポロジー 155

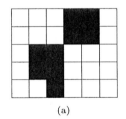 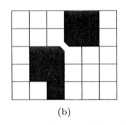 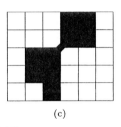

(a)　　　　　　　　　(b)　　　　　　　　　(c)

図 **6.32**　8 連結ではあるが 4 連結ではない黒図形

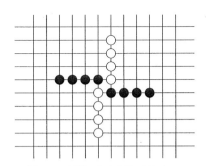

図 **6.33**　囲碁における石の切り合い

　念のために　囲碁では，白石と黒石が互いに相手の石の並びを切り合って戦う．たとえば，図 6.33 に示した石の配置では，白石も黒石も互いに相手を切断しているとみなされる．これは白石同士あるいは黒石同士が互いにつながっているか否かを，4 連結であるか否かで判断していることに相当する．

　ディジタル画像が与えられたとき，その中の黒図形または白図形のオイラー数は，画素の局所的な並び方のパターンを数え上げるだけで計算できる．この議論は，黒図形でも白図形でも同じなので，以下では黒図形について考える．

　ディジタル図形 f が与えられたとし，その中の黒画素が作る局所的パターンに注目する．まず黒画素の数を V とする．次に，図 6.34 (a) に示すように，縦に 2 個，または横に 2 個の黒画素が並んだ配置の総数を E とする．同図の (b) に示すように，斜め方向に 2 個の黒画素が並んだ配置の総数を D とする．同図の (c) に示すように，3 個の黒画素が縦と横に並ぶ配置の総数を T とする．そして最後に，同図の (d) に示すように，4 個の黒画素が縦と横に 2 個ずつ並んだ配置の総数を F とおく．

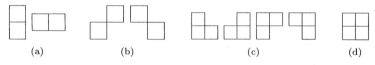

(a)　　　　(b)　　　　(c)　　　　(d)

図 6.34　2 値図形の局所的なパターン

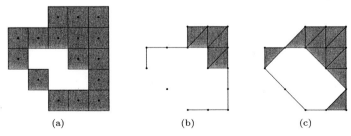

(a)　　　　　　(b)　　　　　　(c)

図 6.35　ディジタル図形と，それと同じオイラー数をもつ複体

このとき，次の性質が成り立つ．

性質 6.9 ディジタル画像 f の黒図形 $B(f)$ を 4 近傍で考えたときのオイラー数 $\chi^4(B(f))$ と，8 近傍で考えたときのオイラー数 $\chi^8(B(f))$ は，次の式で求められる：

$$\chi^4(B(f)) = V - E + F, \quad (6.24)$$
$$\chi^8(B(f)) = V - E - D + T - F. \quad (6.25)$$

この性質が成り立つことは，次のようにして示すことができる．まず 4 近傍で考えよう．黒図形を，それと同じオイラー数をもつ複体に置き換える．そのために，まず各黒画素を頂点（0 次元単体）に置き換える．たとえば，図 6.35 (a) の黒図形に対しては，その画素を，同図の (b) のように頂点で置き換える．このときの頂点の個数が V である．次に，縦または横に並んだ二つの画素に対しては，対応する頂点を辺（1 次元単体）でつなぐ．このとき加えられる垂直と水平の辺の総数が E である．

縦と横に 2 個ずつ並んだ画素の組は，上の置き換えで四角形へ置き換えられる．これを 2 個の三角形（2 次元単体）へ分割するために対角線を 1 本入れる．

この対角線の総数が F である.

このようにして得られた複体の 0 次元単体, 1 次元単体, 2 次元単体の個数をそれぞれ k_0, k_1, k_2 とおくと

$$\begin{aligned} k_0 &= V, \\ k_1 &= E + F, \\ k_2 &= 2F \end{aligned} \quad (6.26)$$

である. したがって, オイラー数は

$$\chi^4(B(f)) = k_0 - k_1 + k_2 = V - E + F \quad (6.27)$$

となる.

次に 8 近傍で考えよう. このときにも, 黒図形をそれと同じオイラー数をもつ複体に置き換える. ただし, この場合には斜めに隣り合った画素もつながっているとみなして複体を作らなければならない. したがって, たとえば図 6.35 (a) に示す黒図形は, 同図の (c) に示す複体に置き換える.

まず, 4 近傍で考えた場合と同じように, V 個の頂点, E 個の垂直および水平な辺, F 個の対角線を設ける. そして, さらに, 斜めに並んだ 2 個の黒画素の対で, 図 6.34 の (d) のパターンの一部にはなっていないものに対して, それらをつなぐ辺を設ける. このとき新たに作られる辺の数は $D - 2F$ である. なぜなら図 6.34 (d) のパターン 1 個の中には, 図 6.34 (b) の二つのパターンが 1 個ずつ (合計 2 個) 含まれているが, そこには新たな対角線は設けないからである. 最後に, 図 6.34 (c) の各パターンで, 同図 (d) のパターンの一部にはなっていないものに対して, 対応する三角形を設ける. ここで作られる三角形の総数は, $T - 4F$ である. なぜなら, 図 6.34 (d) のパターン 1 個の中に同図 (c) の四つのパターンが 1 個ずつ (合計 4 個) 含まれるが, そこには新しい三角形は作らないからである.

このようにして作られた複体の 0 次元単体, 1 次元単体, 2 次元単体の個数をそれぞれ k_0', k_1', k_2' とする.

$$k_0' = V,$$

$$k_1' = E + F + (D - 2F) = E - F + D, \quad (6.28)$$
$$k_2' = 2F + (T - 4F) = T - 2F$$

である.したがって,オイラー数は

$$\chi^8(B(f)) = k_0' - k_1' + k_2'$$
$$= V - (E - F + D) + (T - 2F)$$
$$= V - E - F - D + T \quad (6.29)$$

となる.以上で性質 6.9 が示された.

このように,ディジタル図形のオイラー数は,画素の局所的な配置のパターンを数え上げるだけで求めることができる.この計算法は,文字認識やキズ検査など,図形の位相的性質を知りたい場面で使われるディジタル画像処理技術である.

演習問題

6.1 二つの三角形 $|a_1a_2a_4|, |a_2a_3a_4|$ とそのすべての辺単体からなる複体 K の単体を次の順に並べたものを $\sigma_1, \sigma_2, \cdots, \sigma_{11}$ とする.

$$|a_1|, |a_2|, |a_4|, |a_1a_2|, |a_2a_4|, |a_3|, |a_2a_3|, |a_1a_4|,$$
$$|a_1a_2a_4|, |a_3a_4|, |a_2a_3a_4|$$

この入力をアルゴリズム 6.1 に与えたときの,R_0, R_1, R_2 の変化の様子を示せ.

6.2 四面体 $\sigma = |a_0a_1a_2a_3|$ とそのすべての辺単体からなる複体 K の単体を次の順に並べたものを $\sigma_1, \sigma_2, \cdots, \sigma_{15}$ とする.

$$|a_0|, |a_1|, |a_2|, |a_3|, |a_0a_1|, |a_1a_2|, |a_2a_3|, |a_0a_3|, |a_1a_3|, |a_0a_2|,$$
$$|a_0a_1a_2|, |a_1a_2a_3|, |a_0a_2a_3|, |a_0a_1a_3|, |a_0a_1a_2a_3|$$

この入力をアルゴリズム 6.1 に与えたときの,R_0, R_1, R_2, R_3 の変化の様子を示せ.

図 6.36　1個の穴をもつ2次元領域

6.3 3次元単体の内点を P とする．このとき P の星状体 $S_K(\mathrm{P})$ と P のまつわり複体 $L_K(\mathrm{P})$ のベッチ数とオイラー数を求めよ．

6.4 図 6.36 に灰色で示すように，閉曲線で囲まれ，内部に1個の穴のあいた領域に三角形メッシュを張りたい．ここに作ったメッシュ構造が正常なものであるためには，このメッシュの0次元単体，1次元単体，2次元単体の個数の間にどのような関係が成り立たなければならないか．さらに，一般に m 個の穴をもつ場合についても考えよ．

6.5 次の2次元複体 K が向きづけ可能か否かを調べよ．

$$K = \{|a_1|, |a_2|, |a_3|, |a_4|, |a_5|, |a_1a_2|, |a_1a_3|, |a_1a_4|, |a_1a_5|, |a_2a_3|,$$
$$|a_2a_4|, |a_2a_5|, |a_3a_4|, |a_3a_5|, |a_4a_5|, |a_1a_2a_3|, |a_2a_3a_4|,$$
$$|a_3a_4a_5|, |a_1a_4a_5|, |a_1a_2a_5|\}$$

7

グラフ理論——1次元位相空間論

1次元複体は，特に"グラフ"とよばれる．グラフは，次元が低いにもかかわらず，多くの実用的応用をもつ重要な複体のクラスである．本章では，この1次元複体に焦点を合わせ，その基本的性質と各種の応用について概観する．

7.1 グラフとそのホモロジー群

(1) グラフ

1次元複体 K をグラフ (graph) という．複体 K がグラフ——1次元複体——であることを強調したいときには，K のかわりにこの複体を G で表す．グラフの0次元単体を**頂点** (vertex) といい，1次元単体を**辺** (edge) という．V を頂点の集合，E を辺の集合とするグラフを，グラフ $G = (V, E)$ と書く．図形 X の単体分割 (G, t) が存在するとき——すなわち，$|G|$ から X への写像 $t: |G| \to X$ が位相同型写像のとき——，複体 G の構造に対応して X を頂点と辺に分けた構造もグラフという．

辺 $e \in E$ は，1次元単体だから，ある $v_i, v_j \in V$ に対して，$e = |v_i v_j|$ である．この v_i と v_j を辺 e の**端点** (terminal point) という．頂点 v_i が辺 e の端点であるとき，v_i と e は**接続している** (incident) という．二つの頂点 v_i と v_j がある辺 e の端点となっているとき，v_i と v_j は**隣接している** (adjacent) という．二つの辺 e と e' が共通の端点 v_i をもつとき，e と e' も**隣接している**という．

グラフを紙面に描くときには，図 7.1 に示すように，頂点を，互いに位置の異なる小さな丸（図では黒丸）で表し，辺は，それに含まれる二つの頂点を直

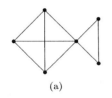 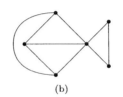 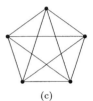

(a)   (b)   (c)

図 7.1 グラフの例

線分または曲線分でつないで表す.

頂点を平面上の異なる点に配置し,辺を端点以外では互いに交差することなく描けるグラフは**平面グラフ** (planar graph) とよばれる.図 7.1 (a) のグラフは,(b) のようにも描けるから平面グラフである.一方,(c) のグラフは,どのように描いても辺が途中で交差するので,平面グラフではない.

$G = (V, E)$ と $G' = (V', E')$ を二つのグラフとする.G から G' への単体同型写像 f が存在するとき(すなわち,f は,頂点を頂点へ移し,辺を辺へ移す 1 対 1 写像で,任意の辺 $|v_i v_j| \in E$ に対して $f(|v_i v_j|) = |f(v_i) f(v_j)|$ が成り立つとき),G と G' は**同型** (isomorphic) であるといい,f を**同型写像** (isomorphism) という.

(2) グラフのホモロジー群

$G = (V, E)$ をグラフとする.一般の複体についてすでに見たように,G の 0 次元ホモロジー群 $H_0(G)$ は,G が連結なら $\mathbf{Z}$ と同型で,そうでないときには G の連結成分の個数の $\mathbf{Z}$ の直和と同型である.

次に 1 次元ホモロジー群について考えよう.$G = (V, E)$ の頂点数を n,辺数を m とする.V に属す頂点に通し番号をつけて $v_1, v_2, \cdots, v_n$ と名づける.また,E に属す辺に通し番号をつけて,$e_1, e_2, \cdots, e_m$ とする.また,各辺 e_i には,任意に向きを選んで固定する.すなわち,e_i の二つの端点の一方を**始点** (start point),他方を**終点** (end point) と呼んで区別する.このとき,始点から終点へ向かう向きがこの辺に与えられたものと解釈する.このように辺に向きのつけられたグラフは**有向グラフ** (directed graph) とよばれる.辺に向きのつけられていないグラフは,向きがついていないことを強調したいときには無

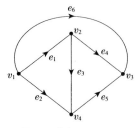

図 7.2 有向グラフの例

向グラフ (undirected graph) とよばれる.

m 行 n 列の行列 $C(G) = (c_{ij})$ を次のように定義する:

$$c_{ij} = \begin{cases} -1 & (v_j \text{ が } e_i \text{ の始点のとき}), \\ 1 & (v_j \text{ が } e_i \text{ の終点のとき}), \\ 0 & (\text{それ以外のとき}). \end{cases} \qquad (7.1)$$

この行列 $C(G)$ をグラフ G の**接続行列** (incidence matrix) という. たとえば図 7.2 に示す有向グラフの接続行列は

$$C(G) = \begin{array}{c} \rightarrow \\ \downarrow \\ e_i \end{array} \begin{array}{c} v_j \\ \begin{pmatrix} -1 & 1 & & & \\ -1 & & & & 1 \\ & & -1 & & 1 \\ & & -1 & 1 & \\ & & & 1 & -1 \\ -1 & & & 1 & \end{pmatrix} \end{array} \qquad (7.2)$$

である. ただし, 値が書かれていない成分は 0 である.

接続行列 $C(G)$ の第 i 行は, 辺 e_i に対応している. この行ベクトルを $C(e_i)$ と書くことにする. 辺 e_i が向きのついた 1 次元単体として $\langle e_i \rangle = \langle v_j v_k \rangle$ と表されているとき, その境界は

$$\partial_1 \langle e_i \rangle = \langle v_k \rangle - \langle v_j \rangle \qquad (7.3)$$

となる. 行ベクトル $C(e_i)$ は, この境界の表現とみなすことができる. すなわ

ち向きのついた 0 次元単体 $\langle v_1 \rangle, \langle v_2 \rangle, \cdots, \langle v_n \rangle$ の線形結合

$$\alpha_1 \langle v_1 \rangle + \alpha_2 \langle v_2 \rangle + \cdots + \alpha_n \langle v_n \rangle \tag{7.4}$$

を，その n 個の係数を並べてできるベクトル $(\alpha_1, \alpha_2, \cdots, \alpha_n)$ で表すことにしたときの $\partial_1(e_i)$ のベクトル

$$(0 \cdots 0 \overset{j}{-1} 0 \cdots 0 \overset{k}{1} 0 \cdots 0) \tag{7.5}$$

が $C(e_i)$ である．

E の一つの部分集合を $E' = \{e_{i_1}, e_{i_2}, \cdots, e_{i_k}\}$ とする．E' に属す辺の 1 次結合で表される 0 とは異なる 1 次元鎖を

$$c = \alpha_1 \langle e_{i_1} \rangle + \alpha_2 \langle e_{i_2} \rangle + \cdots + \alpha_k \langle e_{i_k} \rangle \tag{7.6}$$

とする．c が輪体となるためには，

$$\begin{aligned}\partial_1 c &= \alpha_1 \partial_1 \langle e_{i_1} \rangle + \alpha_2 \partial_1 \langle e_{i_2} \rangle + \cdots + \alpha_k \partial_1 \langle e_{i_k} \rangle \\ &= \alpha_1 C(e_{i_1}) + \alpha_2 C(e_{i_2}) + \cdots + \alpha_k C(e_{i_k}) \\ &= 0\end{aligned} \tag{7.7}$$

でなければならない．これはすなわち，ベクトル $C \langle e_{i_1} \rangle, C \langle e_{i_2} \rangle, \cdots, C \langle e_{i_k} \rangle$ が一次従属であることを意味する．

一方，1 次元鎖 c が輪体であるときには，c を表す一次結合の中で非零の係数をもつ単体の全体は閉じた道（ループ）を含むのだった．閉じた道のことをグラフ理論では**サイクル** (cycle) とよぶので，ここでもこの用語を用いることにする．以上の議論から次の性質が得られる．

性質 7.1 (サイクルを含む辺集合) グラフ $G = (V, E)$ の辺の部分集合 $E' (\subseteq E)$ がサイクルを含むためには，ベクトルの集合

$$\{C(e) \mid e \in E'\} \tag{7.8}$$

が一次従属であることが必要十分である．

グラフ G は1次元複体であるから，2次元以上の単体はもたない．したがって，1次元境界輪体群 $B_1(G)$ は0である．だから，1次元ホモロジー群 $H_1(G)$ は輪体群 $Z_1(G)$ 自身である．そして，性質7.1は，この輪体群 $Z_1(G)$ の構造が，接続行列 $C(G)$ の行ベクトルが作る一次従属集合の構造と一致していることを意味している．

辺の部分集合 E' ($\subseteq E$) に対して，行ベクトルの集合 $\{c(e) \mid e \in E'\}$ が一次独立のとき E' を**独立集合** (independent set) といい，一次従属のとき E' を**従属集合** (dependent set) という．極小の従属集合を**サイクル** (cycle) という．

| 念のために | サイクルという用語は，すでに，グラフの中の閉じた道を表すために使っているにも関わらず，ここで，極小の従属集合を表すためにも導入した．しかし，この二つの使い方は，矛盾しない．なぜなら，この二つの「サイクル」が本質的に同じものであることが，性質7.1によって保証されるからである．たとえば，式 (7.2) の右辺の行列の行ベクトルに関して $C(e_1) - C(e_2) + C(e_3) = 0$ であるから，$\{e_1, e_2, e_3\}$ は従属集合である．またこの集合の部分集合は一次独立であるから，これはサイクルでもある．実際，図7.2のグラフにおいて $\{e_1, e_2, e_3\}$ は閉じた道となっている． ∎

E の部分集合でサイクルとなっているものをすべて集めた族を $\mathcal{A}$ とおく．ベクトルの一次独立・一次従属に関する性質から，次の性質が得られる．

性質 7.2 (従属集合の性質) グラフ $G = (V, E)$ のサイクルの族 $\mathcal{A}$ は，次の (i), (ii) を満たす．

(i) $C_1, C_2 \in \mathcal{A}$ かつ $C_1 \neq C_2$ ならば，$C_1 - C_2 \neq \emptyset$ かつ $C_2 - C_1 \neq \emptyset$ である．

(ii) $C_1, C_2 \in \mathcal{A}$ かつ $C_1 \neq C_2$ で $e \in C_1 \cup C_2$ を満たす e ($\in E$) が存在するならば，$C_3 \subseteq C_1 \cup C_2 - \{e\}$ を満たす $C_3 \in \mathcal{A}$ が存在する． ∎

集合 E の部分集合のある族 $\mathcal{A}$ が性質7.2の (i), (ii) を満たすとき，E と $\mathcal{A}$ の対 $(E, \mathcal{A})$ を**マトロイド** (matroid) といい，E をこのマトロイドの**台集合** (support set)，$\mathcal{A}$ をこのマトロイドの**サイクル族** (family of cycles) という．特に，上のようにグラフから得られるマトロイドは，グラフの**サイクルマトロ**

イド (cycle matroid) とよばれる．グラフ G のサイクルマトロイドを $M(G)$ で表す．

(3) 全域木

$G = (V, E)$ を連結なグラフとする．辺の部分集合 $E'\ (\subseteq E)$ が，極大な独立集合であるとする．すなわち，E' に対応する行ベクトル集合 $\{C(e) \mid e \in E'\}$ は一次独立で，かつこれに $E - E'$ の辺に対応する行ベクトルを一つでも加えると一次従属になってしまうとする．

性質 7.1 より，E' はサイクルを含まない．サイクルをもたない連結グラフは**木** (tree) とよばれ，サイクルをもたない一般の——連結とは限らない——グラフは**森** (forest) とよばれる．(V, E') は森である．

さらに，G は連結で，E' は極大な独立集合であるから，(V, E') も連結である．なぜなら，もし (V, E') が連結でなければ，(V, E') の二つの連結成分 G_1, G_2 をつなぐ辺 e が $E - E'$ に存在し，$E' \cup \{e\}$ もサイクルを含まないが，これは，E' の極大性に反することになるからである．したがって，(V, E') は木である．この (V, E') のように，頂点集合 V をもつ木——いいかえると，木に属す辺の端点の集合が V に一致するという性質を満たす木——は，G の**全域木** (spanning tree) とよばれる．

線形代数の基本的性質であるが，ベクトル集合 $\{C(e) \mid e \in E\}$ の極大な独立集合の大きさは，行列 $C(G)$ の階数 $\mathrm{rank}(C(G))$ に等しい．したがって，グラフ G の全域木は，一般に多数存在するが，それらはすべて大きさが等しい．さらに，次の性質が成り立つ．

性質 7.3 (全域木の大きさ) 連結グラフ $G = (V, E)$ の全域木は，ちょうど $|V| - 1$ 個の辺をもつ．

この性質は次のようにして確かめることができる．E' を G の任意の全域木とする．頂点集合 V をもち，辺が 1 本もないグラフ $(V, \emptyset)$ から出発して，これに，E' の元を一つずつ加えていくとしよう．$(V, \emptyset)$ では，それぞれの頂点が連結成分をなすから，$|V|$ 個の連結成分からなる．これに 1 本の辺を加えると，二つの連結成分がつながれて一つになる．その結果，連結成分の個数は $|V| - 1$

となる．同様に，E' の辺を一つ加えるごとに連結成分の数が 1 だけ減る．なぜなら，もし，連結成分の数が減らなければ，その辺は同一の連結成分に属す二つの頂点をつなぐことになるが，それではサイクルができてしまい，E' が独立集合であることに反するからである．したがって $|E'| = |V| - 1$ である．■

$G = (V, E)$ を連結グラフとし，(V, E') を G の全域木とする．E' に属さない辺からなるグラフ $(V, E - E')$ を，この全域木に対する**補木** (cotree) という．E' はサイクルを含まない極大集合であるから，任意の $e \in E - E'$ に対して，$\{e\} \cup E'$ はちょうど 1 個のサイクルを含むはずである．このサイクルを $c(E', e)$ と書くことにする．

サイクル $c(E', e)$ に属す向きのついた辺を $\langle e_{i_1} \rangle, \langle e_{i_2} \rangle, \cdots, \langle e_{i_k} \rangle$ とする．グラフ G においてこのサイクルを一回りする向きを任意に選んで固定し，$\langle e_{i_j} \rangle$ の向きがその向きと一致するとき $\alpha_i = 1$，逆向きのとき $\alpha_i = -1$ とし，

$$c(e) = \alpha_1 \langle e_{i_1} \rangle + \alpha_2 \langle e_{i_2} \rangle + \cdots + \alpha_k \langle e_{i_k} \rangle \tag{7.9}$$

とおく．作り方から，$\partial_1 c(e) = 0$ である．すなわち，$c(e)$ は G の 1 次元輪体である．さらに，次の性質が成り立つ [ベルジュ, 1976]．

性質 7.4 (グラフの 1 次元輪体群) $G = (V, E)$ を連結グラフとし，(V, E') を G の全域木とする．G の 1 次元輪体群 $Z_1(G)$ は，1 次元鎖の集合 $\{c(e) \mid e \in E - E'\}$ から生成される自由加群と一致する．

したがって，特に，G の 1 次元ベッチ数 $R_1(G)$ は，補木の大きさ $|E - E'| = |E| - (|V| - 1) = |E| - |V| + 1$ に一致する．

7.2 一筆書き

(1) オイラー路

平面の有界な領域内に線だけで描かれた図形が，ペンを途中で持ち上げることなく，また同じ線を 2 回以上なぞることなく描けるかどうかを考えてみよう．まず，このような線図形は，グラフとみなすことができる．すなわち，すべて

の線の端点と交点を頂点とみなし，線をそれらの頂点で分割してできるそれぞれの部分を辺とみなすとグラフが得られる．ただし，ただ一つの単純な閉曲線だけからなる図形に対しては，その曲線上に選んだ任意の 2 点を頂点とみなし，それによって閉曲線が分割されてできる二つの曲線分を辺とみなす．たとえば図 7.3 (a) に示す線図形は，同図 (b) に示すグラフとみなすことができる．

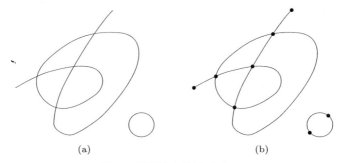

図 **7.3** 線図形から得られるグラフ

グラフ $G = (V, E)$ のある頂点から出発して，すべての辺をちょうど 1 回ずつたどる道——このとき同じ頂点を何回も訪れることはかまわない——を G の**一筆書き**または**オイラー路** (Euler path) という．特に，始点と終点の一致するオイラー路を**オイラーサイクル** (Euler cycle) という．数学者オイラーは，ケーニッヒベルグという町のいくつかの橋を，ちょうど 1 回ずつたどってもとへ戻る経路があるかという問題を通して，グラフの一筆書きを見つける方法を考察した．オイラー路という名前はそれに由来するものである．

グラフ (V, E) の頂点 $v \in V$ に対して，v を含む辺の数を v の**次数** (degree) といい，$d(v)$ で表す．それぞれの辺はちょうど二つの頂点を含むから，

$$2|E| = \sum_{v \in V} d(v) \tag{7.10}$$

が成り立つ．

式 (7.10) より，グラフの次数の総和は偶数だから，どのようなグラフにおいても，奇数次数をもつ頂点は，ちょうど偶数個現れる．

グラフの一筆書きに関しては次の性質が成り立つ．

性質 7.5 連結なグラフ $G = (V, E)$ が一筆書きできるためには，奇数次数の頂点の個数が 0 または 2 であることが必要十分である．

証明 この性質が成り立つことは，次のように場合を二つに分けて示すことができる．

場合 1 まず，グラフ G には奇数次数の頂点が全くない場合を考える．G の任意の頂点を v_s とおく．v_s から出発して，同じ辺を 2 回以上通らないようにしながら任意に道を選んで，もうそれ以上動けなくなるまで辺をたどったとしよう．このとき，最終的に到達する頂点は，出発点 v_s である．なぜなら，どの頂点にも偶数本の辺がつながっているから，一つの辺を通って v_s 以外の頂点へ入ったら，まだたどっていない辺を使って必ずその頂点から出ることができるからである．したがって，v_s から出発して v_s で終わるサイクルが得られる．これを c_0 としよう．たとえば図 7.4 のグラフにおいて，頂点 v_s から出発して上のようにして得られるサイクル c_0 が，太い線で示したとおりであったとしよう．

今，グラフ G には，まだ通っていない辺（すなわち c_0 に含まれない辺）があるとしよう．G は連結だから，c_0 上の頂点で，まだ通っていない辺につながっているものがあるはずである．そのような頂点の一つを v_1 とする．この v_1 から出発して，まだ通っていない辺を任意の順序でたどったとする．すべての頂点の次数が偶数だから，これ以上たどれなくなったときには，やはり v_1 にいるはずである．すなわち，図 7.4 に破線で示すように，v_1 から出発して v_1 で終わるサイクルが得られる．これを c_1 とおこう．ここで，v_s から出発して

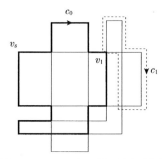

図 7.4 オイラー路の逐次的構成手続き

c_0 をたどり v_1 へ達したところでいったん c_0 から離れて c_1 をたどり，c_1 をたどり終わってから，c_0 の残りの部分をたどることによって，c_0 と c_1 を合成した，より大きなサイクルが得られる．これをあらためて c_0 とおく．

G の中に，c_0 に含まれない辺が残っていたら，上の方法をくり返して，新しいサイクルを c_0 に追加して，c_0 を大きくしていく．最後には，G のすべての辺が c_0 に含まれることになる．最終的に得られるサイクル c_0 が，グラフ G の一筆書きの方法を与える．

場合 2 次に，奇数次数の頂点が 2 個ある場合を考える．この 2 個の頂点を v_s と v_t とおく．v_s から出発して，同じ辺を 2 回以上通らないようにしながら，任意に辺を選んで行けるところまで行くと v_t で終わる．なぜなら，v_t 以外の頂点では，一つの辺を通ってその頂点へ入ったら，別の辺を通ってその頂点から出ることができるからである．v_s から v_t へ到るこの道を p_0 とおく．ここで，まだ通っていない辺が残っていたら，p_0 上の頂点 v_1 で，まだたどっていない辺につながっているものが存在する．この v_1 から出発して，場合1と同じように，まだたどっていない辺だけからなるサイクルを作ることができ，これを p_0 に加えて，p_0 を大きくできる．これをくり返すことによって，すべての辺をたどる道 p_0 を作ることができる．∎

(2) 筆順の改善

次に，平面上の一般の線図形をグラフとみなしたもの $G = (V, E)$ をできるだけ早く描く方法を考えよう．G は，たとえば地図の中の道路網だったり，超大規模集積回路の配線図だったりである．これを，XY プロッタとよばれる描画装置を使って，線幅が一定の美しい図に描きたいとしよう．

XY プロッタは，平面に固定された紙の上にペンを走らせて図を描く装置である．図 7.5 に示すように，インクの出るペン先が，ガイドレール A に沿って X 方向に動くことができ，そのガイドレール自身が，台の両側にとりつけられた一対の固定レール B の上を Y 方向に平行に移動できる．X 方向の動きと Y 方向の動きは，それぞれ独立のモータで制御されるが，このモータを連動させることによって，任意の方向に線を描くことができる．

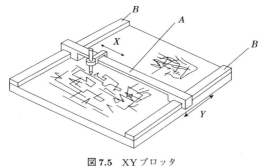

図 7.5 XYプロッタ

　与えられた図形を同一の線幅で描くためには，それぞれの線を同じスピードでちょうど1回ずつなぞらなければならない．したがって，描くべき図形が一つ決まると，その図形に含まれる線の長さの総和もある値に定まるから，ペンを下ろした状態で移動させる時間の総和も，描く順序に関わりなく，ある一定値となる．

　しかし，図形 G は一筆書きができるとは限らないから，一つの線を描いたあとで，次の線の始点までペンを持ち上げて移動させる時間も必要となる．ペンを持ち上げて移動させる操作は，**ペンの空送り**とよばれる．この空送りの時間は，絵を描く順序によって大きく変わる．空送りの時間の総和を最小にする描き方，それが最適な筆順である．

　図形 G が一筆で描けないときには，空送りも加えて全体を描かなければならない．このとき，ペンを下ろして線を描く動作と，ペンを持ち上げて空送りする動作をすべてつなぎ合わせた動きは，一つの一筆書きとみなすことができる．これは，空送りに対応する辺を G に加えることによって，G を一筆書きのできるグラフへ変更していることに相当する．したがって，できるだけ早く G を描くためには，つけ加える辺の長さの総和をできるだけ小さくしなければならない．

　今，G は連結グラフで，奇数次数の頂点を $2k$ 個もつとしよう．これらの頂点の集合を $V_0 (\subseteq V)$ とおく．これらの奇数次数頂点のうちの2個を残し，残りの $2(k-1)$ 個の頂点を二つずつ対にして，各対を結ぶ $k-1$ 個の辺の集合を E' としよう．そして，G に E' を加えて得られるグラフを $G' = (V, E \cup E')$

とする．G' は，奇数次数の頂点をちょうど 2 個もつから，性質 7.5 より，G' は一筆書きができる．

一般に頂点集合 V に属す頂点の間をつなぐ辺の集合 E で，端点を共有しないものを V_0 のマッチング (matching) といい，$|E|$ をこのマッチングの**大きさ** (size) という．V の大きさ s のマッチングのうち，辺の長さの総和が最小のものを，V の大きさ s の**最短マッチング** (shortest maching) という．

G の筆順を決めることは，奇数次数頂点の集合 V_0 の大きさ $k-1$ のマッチング E' を決めることであり，最適な筆順を求めることは，V_0 の大きさ $k-1$ の最短マッチングを求めることである．

指定された大きさ $k-1$ に対して，V_0 の最短マッチングを求める問題は一般には非常に大きい計算時間がかかる．そのため，通常は，厳密な意味での最短マッチングを求めるかわりに "最短に近い" マッチングを求める．そのための代表的な手法の一つは，次に示す**バケット法** (bucket method) である．

図形 G から奇数次数の頂点だけを取り出し，その位置を図 7.6 (a) に示すように，黒丸で表すとしよう．これらの頂点をすべて含む一つの正方形を考える．そして，この正方形を，この図に示すように，水平と垂直な等間隔の平行線で小正方形に区切る．このとき得られる一つ一つの小正方形を**バケット** (bucket) という．バケットの数は，一つのバケットに平均して定数個（たとえば 5 個ないし 6 個）が入る位がよい．点の総数を n とし，一つのバケットに入れたい点の平均個数を α とすれば，正方形の 1 辺を $\lfloor \sqrt{n/\alpha} \rfloor$ 個に区切ればよい（ただし $\lfloor x \rfloor$ は x 以下の最大の整数を表す）．なぜなら，このときバケットの数は

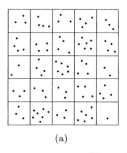 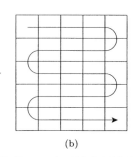 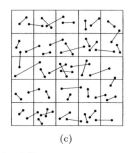

(a)　　　　　　　　(b)　　　　　　　　(c)

図 7.6 最短に近いマッチングを求めるためのバケット法

$(\sqrt{n/\alpha})^2 = n/\alpha$ であり，バケット 1 個当たりの平均個数は α となるからである．

次に，このバケットを，片隅から隣りへ隣りへとたどって，すべてをたどる順序を一つ定める．このような順序の 1 例を図 7.6 (b) に示す．そして，同図の (c) に示すように，この順にバケットをたどりながら，同一バケット内の点を二つずつ対にして辺でつないでいく．ただし，あるバケット内の点の個数が奇数であったら，対の作れなかった残りの 1 点は次のバケットへ持ち越し，そこの点と優先的に対を作る．これによって，すべての点を端点にもつマッチング E' が得られる．しかも，同一バケット内の点同士をつなぐ辺が多いから，これは最短に近いマッチングになっていると期待できる．

これらの辺をもとの図形を表すグラフ $G = (V, E)$ に追加したグラフ $G' = (V, E \cup E')$ では，すべての辺の次数が偶数となる．したがって，G' はオイラーサイクルをもつ．このオイラーサイクルに沿って，E に属する辺ではペンを下げ，E' に属す辺ではペンを持ち上げて動かせば，最適に近い筆順で図形を描くことができる．

> 念のために　グラフ $G = (V, E)$ の（すべての辺ではなくて）すべての頂点をちょうど 1 回ずつたどるサイクルを，**ハミルトンサイクル** (Hamilton cycle) という．グラフの中のできるだけ短いハミルトンサイクルを見つける問題は，荷物を何カ所かに届けるためのトラックの配送経路を求めるときなどに現れる重要な問題である．しかし，ハミルトンサイクルを求める問題は，オイラーサイクルを求める問題と違って，解くのに時間がかかるという意味で難しい．グラフ G がハミルトンサイクルをもつか否かを判定する問題すら，グラフの頂点数 n が大きくなっていくとき，n のどのような多項式をもってきても，それに比例する計算時間では解けないだろうと予想されている．

7.3 グラフの諸性質

(1) 連結性

$G = (V, E)$ をグラフとし，k を正整数とする．G から，どの $k-1$ 個の頂点とそれにつながっている辺を除去しても，残されるグラフが連結なとき，G は k 連結 (k-connected) であるという．G が 1 連結であるというのは，G から 0 個の頂点を取り除いたとき連結であるということだから，今まで G が連結であると言ってきたことと等価である．$k \geq 2$ に対して G が k 連結なら，G は $k-1$ 連結でもある．

図 7.7 (a) に示したグラフは，1 連結ではあるが，2 連結ではない．実際，頂点 v を除去すると二つの連結成分に分かれる．一方，同図の (b) のグラフは，2 連結ではあるが，3 連結ではない．実際，どの 1 個の頂点を取り除いても，残ったグラフは連結のままであるが，たとえば頂点 v, v' を取り除くと，二つの連結成分に分かれる．同図の (c) は，3 連結ではあるが 4 連結ではないグラフの例である．実際，頂点 v, v', v'' を取り除くと二つの連結成分に分かれる．

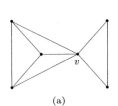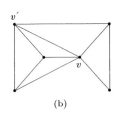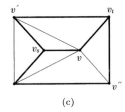

図 7.7　連続性の強さの異なるグラフ

例 7.1　G が，通信基地を頂点とし，通信回線を辺とするグラフを表すとする．G が k 連結であることは，$k-1$ 個の基地が故障で機能を停止したとしても，残りの基地間では通信ができることを意味している．したがって，k が大きいほど，通信網が頑健であると言ってよい．このように，k 連結性は，グラフの頂点間の結びつきの強さを表す指標とみなせる． ∎

次の性質が成り立つ [ベルジュ, 1976].

性質 7.6 グラフ $G = (V, E)$ が k 連結であるとする．このとき，任意の 2 頂点の間には，頂点を共有しない道が少なくとも k 本ある．

たとえば，図 7.7 (c) のグラフは 3 連結であるが，この図に太線で示すように二つの頂点 v_s, v_t の間に 3 本の異なる道が作れる．

(2) 平面グラフ

平面グラフとは，頂点を平面の互いに異なる点へ配置し，辺を端点以外では互いに交差することなく描くことができるグラフのことであった．グラフが平面グラフか否かという性質は，電気回路の設計などにおいて重要である．

電気回路は，抵抗やコンデンサなどの素子とそれらをつなぐ電線から構成される．そのような回路図が与えられたとき，その回路を実際に作る素朴な方法は，電線の部分を絶縁被覆された銅線を使って配線する方法である．しかし，それ以外に，電線部分を基盤の上にプリント技術によって描く実現法もある．このような配線技術はプリント配線とよばれ，工程が短くて自動化しやすいために産業では広く利用されている．

さて，電気回路において，抵抗やコンデンサなどの素子を頂点とみなし，素子をつなぐ電線を辺とみなすと，グラフが得られる．この回路を 1 枚の基盤の片面だけを使ったプリント配線で実現できるためには，対応するグラフが平面グラフでなければならない．なぜなら，プリント配線で作られた電線は，絶縁体で覆われてはおらず，むき出しになっているから，接触すべきでない線を重ねてプリントするわけにはいかないからである．

平面グラフではないグラフの代表的な二つのものを図 7.8 に示す．この二つのグラフは**クラトフスキーグラフ** (Kratovski graphs) とよばれている．クラトフスキーグラフは，グラフが平面グラフか否かを判定するために重要な役割りを演じる．なぜなら，グラフが平面グラフであるためには，次に述べる意味で，クラトフスキーグラフを部分構造に含まないことが必要十分だからである．

$G = (V, E)$ をグラフとする．辺 $e (\in E)$ に対して，G から e を除いてグラフを $G' = (V, E - \{e\})$ へ変更する操作を，辺 e の**開放除去** (open cut) という．図 7.9 (a) のグラフから，辺 e を開放除去して得られるグラフは，同図の

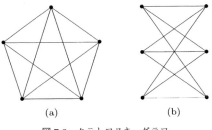

図 7.8　クラトフスキーグラフ

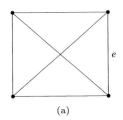　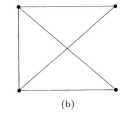　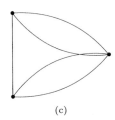

(a)　　　　　　　(b)　　　　　　　(c)

図 7.9　グラフ開放除去と短絡除去

(b) のとおりである.

一方，辺 $e\,(\in E)$ に対して，G から e を除くと同時に，e の両端の頂点を同一視して新しいグラフを作る操作を，辺 e の**短絡除去** (short cut) という．図 7.9 (a) のグラフから，辺 e を短絡除去した結果は，同図の (c) に示すとおりである.

次の性質が知られている [ベルジュ, 1976].

性質 7.7　グラフ G に関して次の (i) と (ii) は等価である.
(i) G は平面グラフである.
(ii) G に，辺の開放除去と短絡除去をどんな順序でくり返し適用しても，クラトフスキーグラフは得られない.

(3) 埋込みグラフと双対グラフ

$G = (V, E)$ を平面グラフとする．このとき，辺が途中で交差することなく，G を平面に埋込む——言いかえると描く——ことができる．G が埋込まれた平面領域が，大きな球面の一部でほとんど平面に見えるものだと解釈すれば，G

は球面に埋込むこともできることがわかる．ここでは，平面グラフ G を，実際に球面に埋込んだグラフを**埋込みグラフ** (embedded graph) とよび，$\overline{G}$ で表すことにする．

与えられた平面グラフ G を球面に埋込む方法は，無限に多くある．二つの埋込みグラフの一方を，辺が交差しないという性質を保ったまま，球面上で連続に変形させてもう一方へ移すことができるとき，これら二つの埋込みグラフは**位相的に等価** (topologically equivalent) であるという．

一般に，与えられた平面グラフに対して，そのすべての埋込みグラフが位相的に等価であるとは限らない．図 7.10 の (a) と (b) は，同一のグラフの二つの埋込みグラフを示してあるが，これらは位相的に等価ではない．実際，この図の頂点 v を除くとグラフは四つの部分に分かれる——したがって，このグラフは 1 連結ではあるが 2 連結ではない——が，これら四つの部分が v の周りで並ぶ順序が (a) と (b) では異なる．そして，球面上での連続な変形では，一方から他方へは移れない．

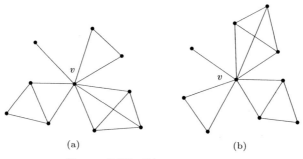

図 **7.10** 位相的に等価ではない埋込み方

図 7.11 にも，位相的に等価ではない埋込み方の例を示した．この図のグラフは，2 連結ではあるが，3 連結ではない．実際，この図の (a) に示す二つの頂点 v, v' を取り除くと，三つの連結成分に分かれる．(a) の埋込みグラフにおいて，中央の部分を v と v' のところで，いったん仮想的に分離して，異なる方法で置き直してから再び v と v' で接続するという操作によって，図の (b) や (c) の埋込みグラフが得られる．

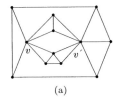 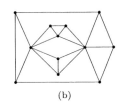 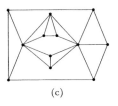

図 7.11 2連結ではあるが3連結ではないグラフの位相的に異なる埋込み方

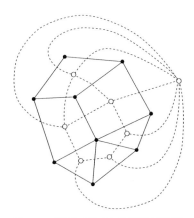

図 7.12 埋込みグラフとその双対グラフ

位相的に異なる埋込み方がいろいろあるグラフの例を，図 7.10 と図 7.11 で見たが，これらは高々2連結までの連結性しかもたないものであった．一方，3連結以上の連結性をもったグラフでは，このようなことは起こらない．すなわち，次の性質が成り立つ [Whitney, 1932].

性質 7.8 3連結平面グラフの位相的に異なる埋込み方は二通りしかない．そして，その一方は，他方を裏返したものである．

平面グラフ G の球面への埋込みグラフを $\overline{G}$ とする．$\overline{G}$ の辺によって，球面はいくつかの連結領域に分割される．このそれぞれの連結領域を，$\overline{G}$ の**面** (face) とよぶ．図 7.12 の白丸で示すように，$\overline{G}$ の各面内に一つずつ新しい頂点を設け，それらの集合を V_d とおく．さらに，同図に破線で示すように，$\overline{G}$ の二つの面が共通の辺で分けられているとき，V_d に属す対応する頂点同士を結ぶ新しい辺を設ける．そして，これらの新しい辺の集合を E_d とおく．ただし，この

とき，$\overline{G}$ に属す各辺に対して E_d の辺を一つずつ作る．したがって，$\overline{G}$ の二つの面が複数本の辺を共有するときには，それらの辺の本数だけ E_d に属す辺を生成する．このようにして新しい埋込みグラフが得られるが，これを $\overline{G}$ の**双対グラフ** (dual graph) といい，$\overline{G}_d = (V_d, E_d)$ で表す．$\overline{G}_d$ も埋込みグラフであるが，その埋込み方を無視してグラフ構造だけに着目したとき，それをグラフ G_d で表す．

一般の平面グラフ G に対しては，その埋込みグラフ $\overline{G}$ が何通りもあるから，埋込み方を変えると双対グラフも変わる．しかし，G が 3 連結平面グラフのときには，性質 7.8 より，裏返しの自由度を除いて埋込み方は一通りしかないから，G が与えられると，その双対グラフ G_d も一意に決まる．

(4) 多面体から得られるグラフ

有限個の多角形で囲まれた 3 次元領域を**多面体** (polyhedron) という．多面体は凸とは限らない．谷底のように，両側の面が引っ込んで交わっていても構わない．

Π を多面体とする．Π の頂点と稜線からなる構造は，グラフとみなすことができる．このグラフは，多面体の表面に"描かれている"から埋込みグラフとみなせる．ただし，多面体の表面は球面と同相とは限らないから，この埋込みグラフは，球面とは限らないもっと一般の面への埋込みグラフである．この埋込みグラフを，Π の**頂点グラフ** (vertex graph) といい，VG(Π) で表す．

多面体 Π の面の集合 F を頂点集合とみなし，Π の各稜線に対して，その両側の面に対応する F の要素を辺で結ぶと，F を頂点とするグラフが得られる．このグラフの辺を，図 7.13 に破線で示すように，Π の表面で対応する稜線と交差するように描くことにすると，このグラフも埋込みグラフとみなせる．この埋込みグラフを Π の**面グラフ** (face graph) といい，FG(Π) で表す．

球面に埋込まれたグラフ $\overline{G}$ からその双対グラフ $\overline{G}_d$ を作る操作は，一般の曲面に埋込まれたグラフに対してそのまま拡張できる．この拡張された意味で，Π の頂点グラフと面グラフは，互いに相手の双対グラフである．

1 種類の正多角形のみで構成される 3 次元空間内の凸多面体は，**正多面体** (regular polyhedron) とよばれる．正多面体は，図 7.14 に示すように，(a) 正

7.3 グラフの諸性質   179

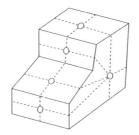

図 7.13 多面体の頂点グラフ（実線）と面グラフ（破線）

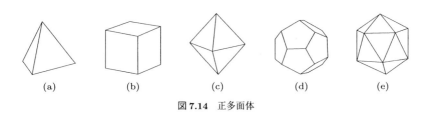

図 7.14 正多面体

四面体，(b) 正六面体，(c) 正八面体，(d) 正十二面体，(e) 正二十面体の 5 種類しかないことがわかっている．このうち，正四面体の頂点グラフと面グラフは同型である．一方，正六面体の頂点グラフは正八面体の面グラフと同型であり，正十二面体の頂点グラフは正二十面体の面グラフと同型である．

双対グラフの概念は，多面体の展開図を作るときにも役立つ．

球と同相な多面体 Π が指定されたとき，その表面をボール紙で作りたいとしよう．そのためには，Π の展開図が必要である．のりで貼る稜線の数を最小にするためには，展開図が，二つ以上の部分に分かれないで，ひと続きの領域をなさなければならない．そのような展開図は，多面体 Π の面を頂点とし，二つの面が辺を共有するとき対応する頂点を結んでできるグラフ T とみなせる．そしてこの T は，Π の面グラフの部分グラフである．

展開図がつながっているためには，T は連結グラフでなければならない．また，展開図として描けるためには，T がサイクルを含んではいけない．したがって，T は全域木である．以上の考察から，Π の展開図を一つ選ぶということは，Π の面グラフの全域木を一つ選ぶことに対応する．

ただし，Π の面グラフの任意の全域木 T から展開図が得られるわけではない．なぜなら，T の辺に対応する稜線をつないだまま Π の表面を開いたとき，

面同士が重なる可能性があるからである．したがって，全域木のうちで展開したとき面が重ならないものを見つけなければならない．

(5) 完全グラフとクリーク

グラフ $G = (V, E)$ が，すべての頂点の間に辺をもつとき，G を**完全グラフ** (complete graph) という．完全グラフの頂点数を n とすると，辺の数は $n(n+1)/2$ である．

グラフ G の部分グラフで完全グラフであるものを，G の**完全部分グラフ** (complete subgraph) または**クリーク** (clique) という．G のクリークの中の最大のものを，G の**最大クリーク** (maximum clique) という．図 7.15 に示すグラフにおいて，太線で示した辺からなる部分グラフは，クリークの一例である．

図 **7.15** クリークの例

例 7.2 ここに n 種類の薬品がある．これらを長期間に渡って保管倉庫に貯蔵したい．ただし，保管中に大きな地震があって薬品を入れたビンが壊れる可能性がある．薬品の中には，2 種類のものを混ぜると，反応して有毒ガスを出したり発火したりする組合せがある．そのような反応を起こす薬品は，互いに異なる部屋に保管しなければならない．一部屋に保管された薬品のビンのうち，地震によって壊れるものは高々2個であるという想定のもとで，一つの部屋にできるだけ多くの薬品を保管するためには，どの薬品を選べばよいか．

この問題は，グラフの最大クリークを見つける問題に帰着できる．与えられた n 種類の薬品のそれぞれを頂点とみなし，その集合を V とする．二つの薬

品 $v, v' \in V$ に対して，それらを混ぜても有害な反応が生じないとき，v と v' を辺でつなぐ．このようにしてできるグラフを G とおく．同じ部屋に保管できる薬品は，このグラフにおいて，すべて互いに辺でつながれていなければならない．したがって，求めたい薬品の部分集合は G の最大クリークである．■

(6) 点彩色数と辺彩色数

グラフ $G = (V, E)$ の頂点に，隣り合う頂点の色が異なるように，色を割り当てることを，G の**点彩色** (vertex coloring) という．G の点彩色に必要な最小の色数を，G の**点彩色数** (vertex-chromatic number) という．

完全グラフに対しては，すべての頂点が互いに隣り合うから，すべての頂点に違う色を割り当てなければならない．したがって，完全グラフの点彩色数は，そのグラフの頂点数に一致する．

一般のグラフ G の点彩色数は，G の最大クリークの頂点数に等しいか，それ以上である．最大クリークの頂点数と点彩色数とが等しくないグラフの一例は，図 7.16 に示すような，5 個以上の奇数個の頂点をもつサイクルである．このようなグラフのクリークは，一つの辺とその両端からなるグラフである．したがって，最大クリークの頂点数は 2 である．一方，このサイクルの頂点に，2 種類の色を交互に割り当てていくと，頂点数が奇数だから，最後に同じ色が隣り合ってしまう．したがって，最後の頂点には第 3 の色を割り当てなければならず，点彩色数は 3 である．

例 7.3 n 個のレーダ基地があるとしよう．それぞれの基地は，一つの周波数を用いて電波を出し，その反射波を観測することによって航空機の運行状況を

図 **7.16** 最大クリークの大きさと点彩色数が異なるグラフ

モニタリングする．レーダに使う電波の周波数は理論的には無数にあるが，実際には，近い周波数同士は共振現象などのために混信する恐れがあるので，互いの電波が届く基地同士は，十分に離れた周波数を使わなければならない．一方，互いに遠く離れているために混信の心配のない基地同士は，同じ周波数を使うことができる．電波の周波数は限りのある資源だから，できるだけ少ない種類の周波数ですべての基地のレーダ機能を確保したい．周波数をどのように割り当てたらよいであろうか．

この問題は，グラフの点彩色の問題に帰着できる．n 個のレーダ基地を頂点とみなし，その集合を V とおく．そして，互いの電波が届く可能性のある基地同士を辺で結んでできるグラフを G とおく．このとき，G の点彩色数が，必要な周波数の種類を表す．点彩色数を実現する色の割り当てに基づいて，それぞれの色をそれぞれの周波数で対応させれば，求めたい周波数の割り当ての方法が得られる．

次に，グラフ $G = (V, E)$ の辺に色を割り当てる場合を考えよう．隣り合う辺の色が互いに異なるように辺に色を割り当てることを，グラフ G の**辺彩色** (edge coloring) といい，G の辺彩色に必要な最小の色数を，G の**辺彩色数** (edge-chromatic number) という．

G の頂点のうちで最大の次数をもつものの一つを v とし，v の次数を d とする．このとき，G の辺彩色数は d 以上である．なぜなら，辺彩色の条件から，一つの頂点に接続する辺は異なる色でなければならないが，v に接続する辺に異なる色を割り当てるためだけにすでに d 種類の色がいるからである．一般に，G の辺彩色数は，G の頂点の最大次数より大きい．たとえば，n 個の頂点をもつ完全グラフでは，最大次数は $n-1$ だが，すべての辺が互いに隣接するから，辺彩色数は $n(n-1)/2$ である．

例 7.4 図書館にある m 冊の本に対して，n 人の人がそれぞれ自分の読みたい本をリストアップした．それぞれの本は，1 人の人に日曜日から次の土曜日まで 1 週間貸し出し，それぞれの人は毎週たかだか一冊の本を借りることができるルールになっている．このルールのもとで，全員が読みたい本をすべて借りるためには最短で何週間かかるであろうか．

この問題は，グラフの辺彩色数を求める問題に帰着できる．m 冊の本の集合を V_1 とし，n 人の人の集合を V_2 とする．そして $V = V_1 \cup V_2$ を頂点の集合とみなす．ある本 $v \in V_1$ をある人 $v' \in V_2$ が借りたいという希望があるとき v と v' を辺で結ぶことによってできるグラフを $G = (V, E)$ とおく．このとき，このグラフの辺彩色数が求めたい週の数である．さらに，この辺彩色数を実現する辺への色の割り当てにおいて，同じ色の辺に対する本の貸し出しを同一の週に行なうことによって，最短の期間ですべての希望に答えることができる．実際，V_1 に属する頂点（本）に接続する辺が異なる色をもつことは，それぞれの週にその本は1人の人にしか貸し出せないという制約に対応し，V_2 に属する頂点（人）に接続する辺が異なる色をもつことは，その人が同じ週には一冊の本しか借りられないという制約に対応している．そして，辺彩色はこれらの制約を満たすから，これによって求める解を得ることができる．

(7) マッチング

M を，グラフ $G = (V, E)$ の辺の部分集合とする．M に属すすべての辺の端点が互いに異なるとき，M を G の**マッチング** (matching) という．頂点 v が，マッチング M に属す辺の端点であるとき，v は M によって**被覆されている** (covered) という．グラフ G のマッチングのうち，要素数が最大のものを**最大マッチング** (maximum matching) という．

例 7.5 n 人の人がいる．囲碁や将棋など，好きな2人ゲームは，人によって異なる．できるだけ多くの人が2人ずつペアになって好きなゲームを楽しみたい．どのようにペアを作ったらよいであろうか．この問題を解くために，n 人の人をそれぞれ頂点とし，2人の人が好きなゲームの中に一致するものがあれば，対応する二つの頂点を辺で結んで，グラフ $G = (V, E)$ を作る．このグラフ G の最大マッチングが求める答である．

念のために　7.2節で筆順の最適化問題を考えたときには，奇数次数頂点の集合 V_0 に対するマッチングを導入した．あのマッチングは，本節の言葉で言うと，V_0 を頂点集合とする完全グラフ（すなわち，V_0 に属する頂点のすべての対に対して辺が存在するグラフ）のマッチングのことである．

M を，グラフ $G = (V, E)$ のマッチングとする．M によって被覆されていない二つの頂点 v, v' に対して，互いに異なる頂点

$$v = v_0, v_1, v_2, \cdots, v_k = v' \tag{7.11}$$

をこの順につなぐ道で，$E - M$ に属す辺と M に属す辺が交互に現れるものを **交互道** (alternating path) という．図 7.17 に，v と v' をつなぐ交互道の例を示す．ただし，M に属す辺を太線で表した．v と v' をつなぐ交互道が存在するとき，この道を構成する辺のうちで M に属すものを M から除き，かわりに M に属していなかったものを M に加えることによって，要素数が 1 だけ大きいマッチングを作ることができる．なぜなら，この変更にかかわる頂点は $v_0, v_1 \cdots, v_k$ のみであり，これらをつなぐ辺で M に属すものは変更後もマッチングの条件を満たすからである．たとえば図 7.17 の交互道に対して，太線の辺を M から除き，細線の辺を M に加えると，1 だけ大きいマッチングが得られる．したがって，次の性質が得られた．

図 7.17　交互道

性質 7.9 M を，グラフ $G = (V, E)$ のマッチングとする．M によって被覆されない 2 個の頂点をつなぐ交互道が存在するとき，この交互道を構成する辺のうち M に属すものと M に属さないものを取り替えることによって，1 だけ大きいマッチングを作ることができる． ∎

性質 7.10 M を，グラフ $G = (V, E)$ のマッチングとする．M に被覆されない 2 個の頂点をつなぐ交互道が存在しないとき，M は G の最大マッチングである． ∎

(8) 二部グラフとマッチング

グラフ $G = (V, E)$ において，頂点集合を二つの部分集合 V_1, V_2 に分割したとき（$V_1 \cap V_2 = \emptyset$, $V_1 \cup V_2 = V$），E に属すすべての辺が V_1 の頂点と V_2 の

頂点をつなぐという性質をもつとき，G を，二つの頂点集合 V_1, V_2 をもつ**二部グラフ** (bipartite graph) という．この二部グラフを $G = (V_1, V_2; E)$ で表す．$X \subseteq V_1$ に対して，X に属すいずれかの頂点と辺で結ばれている V_2 に属す頂点の集合を $\rho(X)$ で表すことにする．

M を，二部グラフ $G = (U, V; E)$ のマッチングとする．U に属すすべての頂点が M によって被覆されているとき，M を U に関する**完全マッチング** (complete matching) という．次の性質が知られている [ベルジュ, 1976]．

性質 7.11 二部グラフ $G = (U, V; E)$ において，次の (i), (ii) は等価である．
(i) G が U に関する完全マッチングをもつ．
(ii) 任意の $X \subset U$ に対して $|X| \leq |\rho(X)|$ が成り立つ．

| 念のために | この性質は，二部グラフの完全マッチングを特徴づけるものではあるが，これを利用して完全マッチングをもつか否かを判定しようとするのは得策ではない．なぜなら，(ii) に述べられている条件を素朴に確かめようとすると，U のすべての部分集合に対して不等式を調べなければならず，U の大きさの指数関数に比例する時間がかかってしまうからである．実は，二部グラフの最大マッチングは，ネットワークの最大流を求めるアルゴリズムを利用すると，簡単に求めることができる．したがって，性質 7.11 は，その中の (ii) の条件が成り立つか否かを，完全マッチングの存在を確かめることによって調べるという形で利用されることが多い．

例 7.6 m 種類の機械部品を作るために，m 個の素材を用意した．一つの機械部品は，一つの素材を削って作るものとする．一方，n 台の工作機械があり，そのそれぞれの工作能力の違いにより，工作できる機械部品は限られている．今，$n \geq m$ とし，1 台の工作機械で 1 個の機械部品を作ることにする．このとき，すべての機械部品を同時に加工するためには，素材をどのように工作機械に割り当てればよいか．

この問題は，二部グラフの完全マッチングを求める問題に帰着できる．m 個の機械部品を作るための素材の集合を U とし，n 台の工作機械の集合を V と

する．そして，機械部品 $u \in U$ を工作機械 $v \in V$ で加工できるとき，u と v を辺で結ぶことによってできる二部グラフを $G = (U, V; E)$ とおく．G が U に関する完全マッチング M をもてば，目的の同時加工が可能であり，この M が求めたい割り当て方に対応する． ∎

(9) 有向グラフと強連結性

今まで考えてきたグラフでは，辺は二つの頂点をむすぶものというだけであったが，ここでは，辺に向きを指定してできる有向グラフを考える．V を頂点集合とし，$\vec{E}$ を有向辺の集合とする有向グラフを $\vec{G} = (V, \vec{E})$ で表す．$\vec{E}$ の要素は，V の要素の順序対 (v, v') $(v, v' \in V)$ であり，v, v' はそれぞれこの辺の始点，終点である．

無向グラフでは，二つの頂点が連結であることを，それらをつなぐ道があることと定義した．一方，有向グラフ $\vec{G} = (V, \vec{E})$ では，指定された辺の向きにのみ移動することによって，頂点 u から頂点 v へ行けるとき，この経路を**有向道** (directed path) という．そして，二つの頂点 v, v' に対して，v から v' へ向かう有向道と，v' から v へ向かう有向道が両方とも存在するとき，v と v' は**強連結** (strongly connected) であるという．強連結であるという関係は，頂点集合 V の中の同値関係であり，これによって，V は同値類に分割できる（演習問題 7.4 を参照）．それぞれの同値類に対して，その中の頂点同士をつなぐ有向辺からなる $\vec{G}$ の部分グラフを，$\vec{G}$ の**強連結成分** (strongly connected component) という．

図 7.18 (a) に示す有向グラフ $\vec{G}$ は，同図の (b) に実線で示す強連結成分へ分解される．すなわち，3個の頂点からなる $\vec{G_1}$，2個の頂点からなる $\vec{G_2}$，1個の頂点からなる $\vec{G_3}, \vec{G_4}, \vec{G_5}, \vec{G_6}$ である．

有向グラフ $\vec{G} = (V, \vec{E})$ の強連結成分を

$$\vec{G_i} = (V_i, \vec{E_i}) \quad (i = 1, 2, \cdots, k) \tag{7.12}$$

とする．$\vec{G}$ から，次のようにもう一つの有向グラフ $\vec{H}(\vec{G})$ を作る．まず，強連結成分の集合を $W = \{\vec{G_1}, \vec{G_2}, \cdots, \vec{G_k}\}$ とおいて，これを頂点の集合とみなす．次に，$\vec{G_i}, \vec{G_j} \in W$ に対して，$\vec{G_i}$ に属す頂点から $\vec{G_j}$ に属す頂点へ少

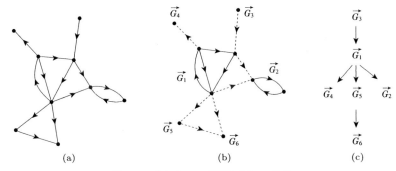

図 **7.18** 有向グラフの強連結成分への分解

なくとも 1 本の有向辺がもとの有向グラフ $\vec{G}$ の中にあれば,有向辺 $(\vec{G_i}, \vec{G_j})$ を設ける.このようにしてできる有向辺の集合を $\vec{F}$ とおく.このようにして得られる有向グラフ $\vec{H}(\vec{G}) = (W, \vec{F})$ を,$\vec{G}$ の**強連結成分グラフ** (strongly connected component graph) という.

図 7.18 (a) に示す有向グラフ $\vec{G} = (V, \vec{E})$ から得られる強連結成分グラフ $\vec{H}(\vec{G})$ は,同図の (c) に示すとおりである.

始点と終点の一致する有向道を**有向サイクル** (directed cycle) という.強連結成分グラフは次の性質をみたす.

性質 7.12 任意の有向グラフ $\vec{G}$ に対して,その強連結成分グラフ $\vec{H}(\vec{G})$ は有向サイクルをもたない. ∎

なぜなら,もし $\vec{H}(\vec{G})$ が有向サイクルをもてば,そのサイクルに含まれる強連結成分の任意の頂点の間を,どちら向きにも有向道でつなぐことができ,実はそれら全体が一つの強連結成分をなすことになってしまうからである.

性質 7.12 より,$\vec{H}(\vec{G})$ は,W に属する頂点の間に半順序関係を定める.この半順序構造を,有向グラフ $\vec{G}$ の**強連結分解**という.

(10) 二部グラフの DM 分解

$G = (U, V; E)$ を連結な二部グラフとする.ここでは,U の要素を左頂点,V の要素を右頂点とよぶことにする.G は常に最大マッチングをもつが,一

般に，G の最大マッチングは一意とは限らない．G のいずれかの最大マッチングに属す辺をすべて集めてできる集合を $E_\mathrm{m}(\subset E)$ とする．G から E_m 以外の辺を取り除いたとき，G が k 個の連結成分に分かれたとしよう．そのそれぞれも二部グラフである．これらを

$$G_i = (U_i, V_i; E_i) \quad (i = 1, 2, \cdots, k) \tag{7.13}$$

とおく．

図 7.19 (a) に示す二部グラフ G に対しては，太線が E_m に属す辺である．これらの太線だけで作られるグラフは，同図の (b) に示すように，$G_1, G_2, \cdots, G_5$ の五つの連結成分に分解される．(b) では E_m に属さない辺は破線で示してある．

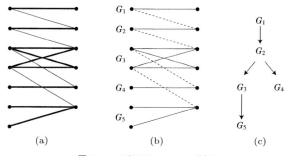

図 **7.19** 二部グラフの DM 分解

二部グラフ $G = (U, V; E)$ から，$W = \{G_1, G_2, \cdots, G_k\}$ を頂点集合とする有向グラフ $\vec{H}(G)$ を次のように作る．$G_i, G_j \in W$ に対して，G_i に属す左頂点と G_j に属す右頂点をつなぐ辺が E に含まれているとき，有向辺 (G_i, G_j) を設ける．このようにして得られる有向辺の集合を $\vec{F}$ とおく．そして $\vec{H}(G) = (W, \vec{F})$ とおく．このとき，次の性質が成り立つ．

性質 7.13 二部グラフ $G = (U, V; E)$ から得られる有向グラフ $\vec{H}(G)$ は有向サイクルをもたない． ∎

まずこの性質を，図 7.19 に示した例で確認しよう．この図の (b) では，$E - E_\mathrm{m}$ に属す辺（破線で表した辺）は，左上から右下へのびている．その結果，同図

の (c) に示すように,グラフ $\vec{H}(G)$ の各有向辺の始点を終点より上に配置することが,全体として矛盾なくできる.したがって,連結成分 $G_1, G_2, \cdots, G_5$ の間に半順序関係が定義できる.

性質 7.13 の厳密な証明は省略するが,そのあら筋は次のとおりである.性質 7.13 に反して,$\vec{H}(G)$ が有向サイクル c をもつとする.G の最大マッチングの一つを M とする.$M \subset E_{\mathrm{m}}$ である.M に属す辺には右頂点から左頂点へ向かう向きを与え,それ以外の辺には左頂点から右頂点へ向かう向きを与えてできる有向グラフを $\vec{G}(M)$ とする.$\vec{H}(G)$ の有向辺に対して,$\vec{G}(M)$ の同じ向きの有向辺で対応するものが存在する.$\vec{H}(G)$ の有向サイクル c に対して,その順に連結成分をたどる $\vec{G}(M)$ の有向サイクル c' が存在する.しかもその有向サイクルは,最大マッチング M に関する交互道でもある.この交互道を構成する辺のうちで,M に属すものを M から取り除き,M に属さないものを M に加えることによって,同じ大きさのもう一つの最大マッチング M' を作ることができる.したがって,有向サイクル c' に含まれる辺はすべて E_{m} に含まれる.しかし,有向サイクル c に含まれる辺は,$E - E_{\mathrm{m}}$ に属す辺に対応しているから,これは矛盾である.したがって,$\vec{H}(G)$ は有向サイクルを含まない.このようにして,性質 7.13 を証明することができる.

二部グラフ $G = (U, V; E)$ から有向グラフ $\vec{H}(G) = (W, \vec{F})$ を作ることによって,G を部分グラフ $G_1, G_2, \cdots, G_k$ に分割し,その間に半順序構造を定めることができる.この半順序構造を,二部グラフ G の **DM 分解** (DM-decomposition) という.DM は,この分解を発見した二人の数学者 Dulmage と Mendelsohn の頭文字を並べたものである.

例 7.7 n 個の変数 $x_1, x_2, \cdots, x_n$ に関する n 個の方程式 $f_1, f_2, \cdots, f_n$ がある.この連立方程式の全体を一度に解くかわりに,まず部分的に解いて,その結果を残りの方程式に代入して解くことができれば,それに越したことはない.これが可能かどうかは,二部グラフの DM 分解を利用して調べることができる.

変数集合を U とおき,方程式集合を V とおく.そして,変数 $x_i \in U$ が方

程式 $f_j \in V$ に含まれるとき，x_i と f_j を辺でつなぐことによってできる二部グラフを $G = (U, V; E)$ とおく．そして，その DM 分解を $\overrightarrow{H}(G) = (W, \overrightarrow{F})$ とする．さらに，W の要素 $G_1, G_2, \cdots, G_k$ の番号をつけ変えて，$\overrightarrow{F}$ に属す辺が番号の小さい頂点から番号の大きい頂点へ向かうようにする．その結果を改めて $G_1, G_2, \cdots, G_k$ とおく．このとき，G_1 に属す方程式は G_1 に属す変数のみを含むから，G_1 に属す方程式のみをまず解くことができる．(もし G_1 において方程式と変数の数が等しくなければ，そのときは，もとの方程式の解が存在しないか，あるいは冗長な方程式が含まれるかであり，いずれにしても，連立方程式自体が健全に作られていないことを意味する．) そして，その解を他の方程式に代入して，変数のより少ない連立方程式にできる．以下同様に，$G_2, G_3, \cdots, G_k$ の順に連立方程式を解くことができる． ∎

演習問題

7.1 性質 7.2 が成り立つことを示せ．

7.2 図 7.2 に示すグラフのサイクルマトロイドのすべてのサイクルを列挙せよ．

7.3 3 個の左頂点と 3 個の右頂点をもつ二部グラフで，すべての左頂点とすべての右頂点の間に辺があるものを G とする．グラフ G の (i) 最大クリークの大きさ，(ii) 最大マッチングの大きさ，(iii) 点彩色数，(iv) 辺彩色数を求めよ．

7.4 有向グラフ $\overrightarrow{G} = (V, \overrightarrow{E})$ において，二つの頂点 $v, v' \in V$ が強連結であることを $v \sim v'$ と書くことにする．このとき，二項関係 $\sim$ は同値関係であることを示せ．

7.5 次の 6 個の方程式が与えられたとする．

$$f_1(x_1, x_2, x_3, x_4) = 0$$
$$f_2(x_1, x_4, x_5, x_6) = 0$$
$$f_3(x_1) = 0$$
$$f_4(x_1, x_4, x_5, x_6) = 0$$

$$f_5(x_5, x_6) = 0$$
$$f_6(x_2, x_3, x_5, x_6) = 0$$

この連立方程式の変数集合と方程式集合が作る二部グラフを DM 分解し，できるだけ小さい連立方程式に分けて解く手順を構成せよ．

演習問題略解

1.1 (i), (ii), (iii) は D_1 の定義から明らかに成り立つ. (iv) 任意の実数 a, b, c に対して $|a-b|+|b-c| \geq |a-c|$ である. これより $D_1(\mathrm{P}_i, \mathrm{P}_j)+D_1(\mathrm{P}_j, \mathrm{P}_k) = |x_i-x_j|+|y_i-y_j|+|x_j-x_k|+|y_j-y_k| \geq |x_i-x_k|+|y_i-y_k| = D_1(\mathrm{P}_i, \mathrm{P}_k)$.

1.2 (i), (ii), (iii) は D_∞ の定義から明らか. (iv) $|x_i - x_j| \geq |y_i - y_j|$ かつ $|x_j - x_k| \geq |y_j - y_k|$ の場合には, $D_\infty(\mathrm{P}_i, \mathrm{P}_j)+D_\infty(\mathrm{P}_j, \mathrm{P}_k) = |x_i-x_j|+|x_j-x_k| \geq |x_i-x_k|$. $|x_i - x_j| < |y_i - y_j|$ かつ $|x_j - x_k| \geq |y_j - y_k|$ の場合には, $D_\infty(\mathrm{P}_i, \mathrm{P}_j)+D_\infty(\mathrm{P}_j, \mathrm{P}_k) = |y_i-y_j|+|x_j-x_k| \geq D_\infty(\mathrm{P}_i, \mathrm{P}_k)$. 他の二つの場合も同様に証明できる.

1.3 D_∞ に関する P の ε 近傍は, P を中心とし, 座標軸に平行な辺をもつ, 一辺が 2ε の正方形の内部である. 一方, D_1 に関する P の ε 近傍は, P を中心とし, 座標軸と $45°$ の角度をなす, 対角線が 2ε の正方形の内部である.

1.4 Q を $N_1(\mathrm{P}, \varepsilon)$ 内の任意の点とする. $\varepsilon' = \varepsilon - D_1(\mathrm{P}, \mathrm{Q})$ とおく. このとき $N_1(\mathrm{Q}, \varepsilon') \subset N_1(\mathrm{P}, \varepsilon)$ である. さらに $\varepsilon'' = \varepsilon'/\sqrt{2}$ とおくと $N(\mathrm{Q}, \varepsilon'') \subset N_1(\mathrm{Q}, \varepsilon')$ である. ゆえに $N(\mathrm{Q}, \varepsilon'') \subset N_1(\mathrm{P}, \varepsilon)$ である. すなわち, 任意の $\mathrm{Q} \in N_1(\mathrm{P}, \varepsilon)$ に対して, $N_1(\mathrm{P}, \varepsilon)$ に含まれる Q の ε'' 近傍 $N(\mathrm{Q}, \varepsilon'')$ が作れるから, $N_1(\mathrm{P}, \varepsilon)$ はユークリッド距離に関する開集合である. 次に, Q を $N(\mathrm{P}, \varepsilon)$ 内の任意の点とする. $\varepsilon' = \varepsilon - D(\mathrm{P}, \mathrm{Q})$ とおくと $N_1(\mathrm{Q}, \varepsilon') \subset N(\mathrm{Q}, \varepsilon') \subset N(\mathrm{P}, \varepsilon)$ である. このように, 任意の $\mathrm{Q} \in N(\mathrm{P}, \varepsilon)$ に対して $N(\mathrm{P}, \varepsilon)$ に含まれる Q の ε' 近傍 $N_1(\mathrm{Q}, \varepsilon')$ が作れるから, $N(\mathrm{P}, \varepsilon)$ は D_1 に関する開集合である.

1.5 $\mathrm{P} \in \{\mathrm{P}\}$ である. しかし, すべての正の実数 ε に対して, P の ε 近傍

$N(\mathrm{P},\varepsilon)$ は P 以外の点を含むから，$N(\mathrm{P},\varepsilon) \subset \{\mathrm{P}\}$ を満たす ε は存在しない．すなわち，P の ε 近傍で $\{\mathrm{P}\}$ に含まれるものは作れない．したがって，$\{\mathrm{P}\}$ は開集合ではない．

2.1 たとえば，南半球の点 (x,y,z), $z<0$, $x^2+y^2+z^2=1$ を

$$\begin{pmatrix} x' \\ y' \\ z' \end{pmatrix} = \begin{pmatrix} 1 & 0 & 0 \\ 0 & \cos z & -\sin z \\ 0 & \sin z & \cos z \end{pmatrix} \begin{pmatrix} x \\ y \\ z \end{pmatrix}$$

へ移せばよい．この変換は連続変換である．そして南半球は南半球へ移される．しかも，赤道上の点は動かない．したがって，この変換は球面全体で連続である．

2.2

(1) 群である．単位元は 0 で，任意の $x \in \mathbf{Q}$ の逆元は $-x$ である．

(2) 群にはならない．なぜなら $0 \in \mathbf{Q}$ の逆元が存在しないからである．ただし，0 を除いた集合 $\mathbf{Q} - \{0\}$ は乗算に関して群となる．この群では単位元は 1 で，任意の $x/y \in \mathbf{Q}$ の逆元は y/x である．

(3) 群である．すべての成分が 0 である n 次正方行列が単位元となる．a_{ij}, $1 \leq i, j \leq n$ を成分とする行列の逆元は，$-a_{ij}$, $1 \leq i, j \leq n$ を成分とする行列である．

(4) 群にはならない．なぜなら，正則ではない行列に対しては逆行列が存在しないからである．一方，n 次正則行列の全体に限れば，行列のかけ算に関して群となる．

(5) 群となる．二つの全単射 f, g の合成 $g \circ f$ も全単射である．恒等写像が単位元となり，写像 f の逆元は逆写像 f^{-1} である．

2.3 単位元がない．このことは次のようにして示せる．単位元として振舞うループ c_0 があると仮定する．このとき任意のループ c_1 に対して，$c_0 \cdot c_1 = c_1$ でなければならない．しかし，定義から，$1/2 < t \leq 1$ において，$c_0 \cdot c_1(t) = c_1(2t-1)$ であるが，これは一般には $c_1(t)$ とは一致しない．したがって

$c_0 \cdot c_1 = c_1$ となる c_0 は存在しない．ゆえに $\Omega(\mathrm{P})$ 自身は群ではない．（注：このように $\Omega(\mathrm{P})$ 自身は群の構造をもたないにも関わらず，そのホモトピー同値類は群となる．これに着目したところに，ホモトピー理論という卓越した理論の出発点があるのである．）

2.4 6種類の文字 $a, b, c, a^{-1}, b^{-1}, c^{-1}$ を任意の順序で任意個並べてできる列の全体を W とおく．$aa^{-1} = a^{-1}a = bb^{-1} = b^{-1}b = cc^{-1} = c^{-1}c = 1$ という関係を入れた集合を $G(a, b, c)$ とおく．$G(a, b, c)$ の二つの要素の間にそれらをつなぐという演算を導入すると $G(a, b, c)$ は群となる．この $G(a, b, c)$ が基本群 $\pi_1(X)$ である．

3.1 l_i を右ねじの進む方向に一周するループを a_i とする．
(a) 図 3.17 (a) の左の交差点において $a_1 a_2 a_1^{-1} = a_1$ が得られる．この式の両辺に左から a_1^{-1} をかけ，右から a_1 をかけると，$a_1^{-1} a_1 a_2 a_1^{-1} a_1 = a_1^{-1} a_1 a_1$ すなわち $a_2 = a_1$ が得られる．同図の右の交差点においては $a_1 a_1 a_1^{-1} = a_2$ であるから，同様に $a_1 = a_2$ が得られる．したがって，この結び目の結び目群は $a_1{}^m$, $m \in \mathbf{Z}$ の形の要素からなる．これは自明な結び目の結び目群と同型である．
(b) 図 3.17 (b) の左の交差点では $a_1 a_3 a_1^{-1} = a_1$, すなわち $a_1 = a_3$ が得られる．同図の右側の交差点では $a_1 a_1 a_1^{-1} = a_2$, すなわち $a_1 = a_2$ が得られる．また中央の交差点では $a_1 a_2 a_1^{-1} = a_3$ が得られるが，すでに $a_1 = a_2 = a_3$ が得られているから，これは新しい関係ではない．以上より，この結び目の結び目群も $a_1{}^m$, $m \in \mathbf{Z}$ の形の要素からなり，自明な結び目の結び目群と同型である．

3.2 図 A.1 のように腕とワンピースは輪を形成し，ロープはそれにからまっているからはずせない．

4.1
(1) n 角形の頂点を順に $a_1, a_2, \cdots, a_n$ とする．a_1 から $a_3, a_4, \cdots, a_{n-1}$ へ $n-3$ 本の対角線を引いて $n-2$ 個の三角形 $|a_1 a_i a_{i+1}|$, $i = 2, 3, \cdots, n-1$

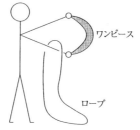

図 **A.1** 両方のポケットをにぎった女性と位相同型な構造

へ分割すればよい．

(2) 底辺の凸 n 角形を (1) の方法で $n-2$ 個の三角形へ分割し，それらを底面とし，n 角錐の頂点を頂点とする $n-2$ 個の三角錐を作ればよい．

(3) 立方体の 8 個の頂点を，隣り合う頂点の色が異なるように，赤と白に塗り分ける．その結果，赤の頂点は 4 個でき，そのそれぞれは 3 個の白頂点を隣りにもつ．この赤頂点とそれに隣り合う 3 個の白頂点がなす 4 個の四面体を立方体から取り去ると，4 個の赤頂点からなる一つの四面体が残る．立方体を，これら 5 個の四面体へ分割すればよい．

4.2 正三角形は，一つの頂点から対辺へ 1 本の線を引いて二つの三角形に分割し，正方形は一つの対角線を使って二つの三角形へ分割すればよい．

4.3 (1) $F(s,t)$ を

$$F(s,t) = \begin{cases} (2t-1, 2t) & (0 \leq t \leq 1/2 - s), \\ (2t-1, 1-s) & (1/2 - s < t \leq 1/2 + s), \\ (2t-1, 2-2t) & (1/2 + s < t \leq 1) \end{cases}$$

とおけばよい．

(2) $F(s,t)$ を

$$F(s,t) = \begin{cases} (2t-1, 2(1-s)t) & (0 \leq t \leq 1/2), \\ (2t-1, (1-s)(2-2t)) & (1/2 < t \leq 1) \end{cases}$$

とおけばよい．

演習問題略解　　　197

5.1 G の単位元を e とする. $(a \cdot b) \cdot (b^{-1} \cdot a^{-1}) = a \cdot (b \cdot b^{-1}) \cdot a^{-1} = a \cdot e \cdot a^{-1} = a \cdot a^{-1} = e$ であるから, $b^{-1} \cdot a^{-1}$ は $a \cdot b$ の逆元である.

5.2 (i) G の単位元を e とする. 任意の $a \in G$ に対して, $[e] \cdot [a] = [e \cdot a] = [a]$ ゆえ, $[e]$ は $G/\mathrm{Ker}(f)$ の単位元である. (ii) $a, b, c \in G$ に対して, $([a] \cdot [b]) \cdot [c] = [a \cdot b] \cdot [c] = [(a \cdot b) \cdot c] = [a \cdot (b \cdot c)] = [a] \cdot [b \cdot c] = [a] \cdot ([b] \cdot [c])$ ゆえ, 演算・は結合律を満たす. (iii) 任意の $a \in G$ に対して, $[a] \cdot [a^{-1}] = [a \cdot a^{-1}] = [e]$ ゆえ, $[a]$ の逆元 $[a^{-1}]$ が存在する. 以上の (i), (ii), (iii) より, $G/\mathrm{Ker}(f)$ は, 演算・に関して群をなす.

5.3 任意の $b \in \mathrm{Ker}(f)$ に対して, $f(a \cdot b \cdot a^{-1}) = f(a) \cdot f(b) \cdot f(a^{-1}) = f(a) \cdot e' \cdot f(a^{-1}) = f(a) \cdot f(a^{-1}) = f(a \cdot a^{-1}) = f(e) = e'$ であるから, $a \cdot b \cdot a^{-1} \in \mathrm{Ker}(f)$ である. また, $b, b' \in \mathrm{Ker}(f), b \neq b'$ で, $a \cdot b \cdot a^{-1} = a \cdot b' \cdot a^{-1}$ であると仮定する. この等式に左から a^{-1} をかけ, 右から a をかけると, $b = a^{-1} \cdot (a \cdot b \cdot a^{-1}) \cdot a = (a^{-1} \cdot a) \cdot b' \cdot (a^{-1} \cdot a) = b'$ となり矛盾である. したがって $b, b' \in \mathrm{Ker}(f), b \neq b'$ なら $a \cdot b \cdot a^{-1} \neq a \cdot b' \cdot a^{-1}$ である. このことから, $a \cdot \mathrm{Ker}(f) \cdot a^{-1} \equiv \{a \cdot b \cdot a^{-1} \mid b \in \mathrm{Ker}(f)\}$ は $\mathrm{Ker}(f)$ と同じ個数の要素をもつ. したがって $a \cdot \mathrm{Ker}(f) \cdot a^{-1} = \mathrm{Ker}(f)$ である.

5.4 $f(a) \cdot f(a^{-1}) = f(a \cdot a^{-1}) = f(e) = e'$.

5.5 $C_0(K) = \{\alpha_1 \langle a_1 \rangle + \alpha_2 \langle a_2 \rangle + \alpha_3 \langle a_3 \rangle + \alpha_4 \langle a_4 \rangle \mid \alpha_1, \alpha_2, \alpha_3, \alpha_4 \in \mathbf{Z}\}$
$\cong \mathbf{Z} \oplus \mathbf{Z} \oplus \mathbf{Z} \oplus \mathbf{Z}.$

$\partial_0 \langle a_i \rangle = 0, \ i = 1, 2, 3, 4,$ だから $Z_0(K) = C_0(K).$

$$C_1(K) = \{\alpha_1 \langle a_1 a_2 \rangle + \alpha_2 \langle a_2 a_3 \rangle + \alpha_3 \langle a_3 a_4 \rangle + \alpha_4 \langle a_4 a_1 \rangle \mid$$
$$\alpha_1, \alpha_2, \alpha_3, \alpha_4 \in \mathbf{Z}\}$$
$$\cong \mathbf{Z} \oplus \mathbf{Z} \oplus \mathbf{Z} \oplus \mathbf{Z}.$$

$C_1(K) \ni c = \alpha_1 \langle a_1 a_2 \rangle + \alpha_2 \langle a_2 a_3 \rangle + \alpha_3 \langle a_3 a_4 \rangle + \alpha_4 \langle a_4 a_1 \rangle$ に対して,

$\partial_1 (\alpha_1 \langle a_1 a_2 \rangle + \alpha_2 \langle a_2 a_3 \rangle + \alpha_3 \langle a_3 a_4 \rangle + \alpha_4 \langle a_4 a_1 \rangle)$

$$= \alpha_1(\langle a_2\rangle - \langle a_1\rangle) + \alpha_2(\langle a_3\rangle - \langle a_2\rangle) + \alpha_3(\langle a_4\rangle - \langle a_3\rangle) + \alpha_4(\langle a_1\rangle - \langle a_4\rangle)$$
$$= (\alpha_4 - \alpha_1)\langle a_1\rangle + (\alpha_1 - \alpha_2)\langle a_2\rangle + (\alpha_2 - \alpha_3)\langle a_3\rangle + (\alpha_3 - \alpha_4)\langle a_4\rangle$$

である. $\beta_1 = \alpha_4 - \alpha_1, \beta_2 = \alpha_1 - \alpha_2, \beta_3 = \alpha_2 - \alpha_3$ とおくと, $\alpha_3 - \alpha_4 = -(\beta_1 + \beta_2 + \beta_3)$ だから

$$B_0(K) = \{\beta_1\langle a_1\rangle + \beta_2\langle a_2\rangle + \beta_3\langle a_3\rangle - (\beta_1 + \beta_2 + \beta_3)\langle a_4\rangle \mid$$
$$\beta_1, \beta_2, \beta_3 \in \mathbf{Z}\}$$
$$\cong \mathbf{Z} \oplus \mathbf{Z} \oplus \mathbf{Z},$$
$$H_0(K) = Z_0(K)/B_0(K) \cong \mathbf{Z}.$$

$\partial_1(c) = 0$ より, $\alpha_4 - \alpha_1 = \alpha_1 - \alpha_2 = \alpha_2 - \alpha_3 = \alpha_3 - \alpha_4 = 0$, すなわち $\alpha_1 = \alpha_2 = \alpha_3 = \alpha_4$ だから,

$$Z_1(K) = \{\alpha(\langle a_1 a_2\rangle + \langle a_2 a_3\rangle + \langle a_3 a_4\rangle + \langle a_4 a_1\rangle) \mid \alpha \in \mathbf{Z}\} \cong \mathbf{Z}.$$

$C_2(K) = 0$ ゆえ $B_1(K) = 0$. したがって

$$H_1(K) = Z_1(K)/B_1(K) \cong \mathbf{Z}.$$

念のために ここで求めた $H_0(K), H_1(K)$ は, 例 5.2 の場合と一致する. 実際, 例 5.2 の複体とここで考えた複体とは, 背景となる図形が互いに位相同型であり, この一致は, ホモロジー群の位相不変性に対応している.

5.6 4 頂点 a, b, c, d がこの順に時計回りに正方形の頂点をなしているとする. メビウスの帯は, 正方形 $abcd$ の向かい合う一組の向きづけられた辺 $\langle ab\rangle$ と $\langle cd\rangle$ を, 向きも含めて一致させて得られる. この正方形を図 A.2 のように三角形に分割すると, メビウスの帯の単体分割が得られる.

この複体の 0, 1, 2 次元単体の数を k_0, k_1, k_2 とすると $k_0 = 6, k_1 = 12, k_2 = 6$ である. したがってオイラー数は $k_0 - k_1 + k_2 = 6 - 12 + 6 = 0$ である.

6.1 単体の添加によるベッチ数の変化は表 A.1 のとおりである.

演習問題略解 199

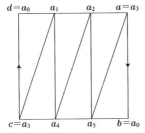

図 A.2 メビウスの帯の単体分割

表 A.1 演習問題 6.1 の解

i	σ_i	R_0	R_1	R_2
0	ϕ	0	0	0
1	$|a_1|$	1	0	0
2	$|a_2|$	2	0	0
3	$|a_4|$	3	0	0
4	$|a_1a_2|$	2	0	0
5	$|a_2a_4|$	1	0	0
6	$|a_3|$	2	0	0
7	$|a_2a_3|$	1	0	0
8	$|a_1a_4|$	1	1	0
9	$|a_1a_2a_4|$	1	0	0
10	$|a_3a_4|$	1	1	0
11	$|a_2a_3a_4|$	1	0	0

表 A.2 演習問題 6.2 の解

i	σ_i	R_0	R_1	R_2	R_3
0	ϕ	0	0	0	0
1	$|a_0|$	1	0	0	0
2	$|a_1|$	2	0	0	0
3	$|a_2|$	3	0	0	0
4	$|a_3|$	4	0	0	0
5	$|a_0a_1|$	3	0	0	0
6	$|a_1a_2|$	2	0	0	0
7	$|a_2a_3|$	1	0	0	0
8	$|a_0a_3|$	1	1	0	0
9	$|a_1a_3|$	1	2	0	0
10	$|a_0a_2|$	1	3	0	0
11	$|a_0a_1a_2|$	1	2	0	0
12	$|a_1a_2a_3|$	1	1	0	0
13	$|a_0a_2a_3|$	1	0	0	0
14	$|a_0a_1a_3|$	1	0	1	0
15	$|a_0a_1a_2a_3|$	1	0	0	0

6.2 R_0, R_1, R_2, R_3 の変化は表 A.2 のとおりである.

6.3 $S_K(\mathrm{P})$ は 3 次元単体自身である. したがって, 演習問題 6.2 の結果がそのまま利用できる. すなわち各次元のベッチ数は

$$R_0(S_K(\mathrm{P})) = 1, \quad R_1(S_K(\mathrm{P})) = R_2(S_K(\mathrm{P})) = R_3(S_K(\mathrm{P})) = 0$$

であり, オイラー数は

$$\chi(S_K(\mathrm{P})) = 1 - 0 + 0 - 0 = 1$$

である.

一方，$L_K(\mathrm{P})$ は，3 次元単体のすべての辺単体（ただし 3 次元単体自身は含まない）からできる複体である．したがって，演習問題 6.2 の単体を添加する手続きにおいて，最後の単体 $|a_0a_1a_2a_3|$ を添加する直前までの計算結果が $L_K(\mathrm{P})$ の計算に相当している．ゆえに，ベッチ数は

$$R_0(L_K(\mathrm{P})) = 1, \quad R_1(L_K(\mathrm{P})) = 0, \quad R_2(L_K(\mathrm{P})) = 1$$

であり，オイラー数は

$$\chi(L_K(\mathrm{P})) = 1 - 0 + 1 = 2$$

である．

6.4 球面 S^2 を M とおき，M に含まれ，互いに共通部分のない二つの円板を M_1, M_2 とおく．このとき，穴を 1 個もつ円板は $M - M_1 \cup M_2$ と同相である．$\chi(M) = 2, \chi(M_1) = \chi(M_2) = 1$ であるから，$M - M_1 \cup M_2$ のオイラー数は

$$\chi(M - M_1 \cup M_2) = \chi(M) - (\chi(M_1) + \chi(M_2)) = 0$$

である．したがって，穴を 1 個もつ円板の三角形メッシュの頂点数を k_0，辺数を k_1，面数を k_2 とすると $k_0 - k_1 + k_2 = 0$ でなければならない．

さらに一般に m 個の穴をもつ円板 A は，球面 S^2 から $m+1$ 個の円板を除いた領域とみなせるから，そのオイラー数は

$$\chi(A) = 2 - (m+1) = 1 - m$$

である．したがって，この領域の三角形メッシュを構成する頂点の数を k_0，辺の数を k_1，三角形の数を k_2 とすると，三角形メッシュが正常であるためには

$$k_0 - k_1 + k_2 = 1 - m$$

でなければならない．

6.5 $\sigma_1{}^2 = |a_1a_2a_3|, \sigma_2{}^2 = |a_2a_3a_4|, \sigma_3{}^2 = |a_3a_4a_5|, \sigma_4{}^2 = |a_1a_4a_5|, \sigma_5{}^2 = |a_1a_2a_5|$ とおく．まず $\sigma_1{}^2$ に向き $\langle\sigma_1{}^2\rangle = \langle a_1a_2a_3\rangle$ を与える．$\sigma_1{}^2$ と $\sigma_2{}^2$

は辺 $|a_2a_3|$ を共有している．この辺に関して $\langle \sigma_1{}^2 \rangle$ と同調する $\sigma_2{}^2$ の向きは $\langle \sigma_2{}^2 \rangle = \langle a_2a_4a_3 \rangle$ である．辺 $|a_3a_4|$ に関して $\langle \sigma_2{}^2 \rangle$ と同調する $\sigma_3{}^2$ の向きは $\langle \sigma_3{}^2 \rangle = \langle a_3a_4a_5 \rangle$ である．さらに，辺 $|a_4a_5|$ に関して $\langle \sigma_3{}^2 \rangle$ と同調する $\sigma_4{}^2$ の向きは $\langle \sigma_4{}^2 \rangle = \langle a_4a_1a_5 \rangle$ である．最後に，辺 $|a_1a_5|$ に関して $\langle \sigma_4{}^2 \rangle$ と同調する $\sigma_5{}^2$ の向きは $\langle \sigma_5{}^2 \rangle = \langle a_1a_2a_5 \rangle$ である．しかし，このとき辺 $|a_1a_2|$ を共有する向きづけ単体 $\langle \sigma_1{}^2 \rangle = \langle a_1a_2a_3 \rangle$ と $\langle \sigma_5{}^2 \rangle = \langle a_1a_2a_5 \rangle$ は同調していない．したがって，K は向きづけ可能ではない．

7.1 サイクルは極小の従属集合であるから，サイクルの真部分集合はサイクルとはなり得ない．したがって (i) が成り立つ．次に (ii) を示す．

$$C_1 = \{e, e_1, e_2, \cdots, e_k\},$$
$$C_2 = \{e, e'_1, e'_2, \cdots, e'_l\}$$

とする．

$$\alpha C(e) + \alpha_1 C(e_1) + \alpha_2 C(e_2) + \cdots + \alpha_k C(e_k) = 0,$$
$$\beta C(e) + \beta_1 C(e'_1) + \beta_2 C(e'_2) + \cdots + \beta_l C(e'_l) = 0$$

を満たす非零係数 $\alpha, \alpha_1, \alpha_2, \cdots, \alpha_k, \beta, \beta'_1, \beta'_2, \cdots, \beta'_l$ が存在する．上の2式の第一のものの β 倍から，第2の式の α 倍を引くと

$$\beta\alpha_1 C(e_1) + \beta\alpha_2 C(e_2) + \cdots + \beta\alpha_k C(e_k)$$
$$-\alpha\beta_1 C(e'_1) - \alpha\beta_2 C(e'_2) - \cdots - \alpha\beta_l C(e'_l) = 0$$

が得られる．係数 $\beta\alpha_1, \beta\alpha_2, \cdots, \beta\alpha_k, \alpha\beta_1, \alpha\beta_2, \cdots, \alpha\beta_l$ は非零だから，この式は $\{e_1, e_2, \cdots, e_k, e'_1, e'_2, \cdots, e'_l\}$ が従属集合であることを意味している．したがって，$C_1 \cup C_2 - \{e\}$ はサイクルを含む．

7.2 $\{e_1, e_2, e_3\}, \{e_3, e_4, e_5\}, \{e_1, e_2, e_4, e_5\}, \{e_1, e_4, e_6\}, \{e_2, e_5, e_6\}, \{e_1, e_3, e_5, e_6\}, \{e_2, e_3, e_4, e_6\}$.

7.3 (i) 最大クリークの大きさは 2, (ii) 最大マッチングの大きさは 3, (iii) 点彩色数は 2, (iv) 辺彩色数は 3 である．

7.4 u, v, w を V の任意の要素とする．(i) u から u へは長さ 0 の有向道があるとみなせるから $u \sim u$ である．(ii) $u \sim v$ とする．このとき u から v への有向道と v から u への有向道がある．したがって，強連結の定義から $v \sim u$ である．(iii) $u \sim v$ かつ $v \sim w$ とする．$u \sim v$ であるから，u から v への有向道 p_1 と，v から u への有向道 p_2 が存在する．同様に $v \sim w$ であるから，v から w への有向道 p_3 と，w から v への有向道 p_4 が存在する．したがって，$p_1 \cdot p_3$ は u から w への有向道であり，$p_4 \cdot p_2$ は w から u への有向道である．したがって $u \sim w$ である．

7.5 変数集合を $U = \{x_1, x_2, \cdots, x_6\}$，方程式集合を $V = \{f_1, f_2, \cdots, f_6\}$ とし，変数が方程式に含まれるという関係を辺とする二部グラフを $G = (U, V; E)$ とおく．このグラフのいずれかの最大マッチングに含まれる辺の集合 E_m は次のようになる：

$$E_\mathrm{m} = \{(x_1, f_1), (x_1, f_2), (x_1, f_3), (x_1, f_4), (x_2, f_1),$$
$$(x_2, f_6), (x_3, f_1), (x_3, f_6), (x_4, f_1), (x_4, f_2),$$
$$(x_4, f_4), (x_4, f_5), (x_5, f_2), (x_5, f_4), (x_5, f_5),$$
$$(x_5, f_6), (x_6, f_2), (x_6, f_4), (x_6, f_5), (x_6, f_6)\}.$$

したがって，E_m に属す辺からなるグラフは，三つの連結成分 $G_i = (U_i, V_i; E_i)$，$i = 1, 2, 3$ から成り，それを構成する頂点集合は

$$U_1 = \{x_2, x_3\},\ V_1 = \{f_1, f_6\},$$
$$U_2 = \{x_4, x_5, x_6\},\ V_2 = \{f_2, f_4, f_5\},$$
$$U_3 = \{x_1\},\ V_3 = \{f_3\}$$

となる．その結果，$\overrightarrow{H}(G) = (W, \overrightarrow{F})$ は，

$$W = \{G_1, G_2, G_3\}, \quad \overrightarrow{F} = \{(G_1, G_2), (G_1, G_3), (G_2, G_3)\}$$

となる．したがって，まず f_3 について解き，次に，f_2, f_4, f_5 を連立させて解き，最後に f_1, f_6 を連立させて解けばよい．

さらに勉強するために

　この本では，トポロジーの基礎を，議論の厳密性よりも直観に訴えることを優先するとともに，応用との関係を重視しながら解説してきたが，さらに深く学びたい人のために代表的な参考図書について解説しよう．

　本書と同じように直観的理解を重視した本には次のようなものがある．

[1] 野口　宏:『トポロジー ── 基礎と方法』．日本評論社，1971．
[2] 瀬山士郎:『トポロジー ── 柔らかい幾何学』．日本評論社，1988．
[3] 瀬山士郎:『トポロジー ── ループと折れ線の幾何学』．すうがくぶっくす5，朝倉書店，1989．
[4] 小竹義朗，他:『トポロジー万華鏡，I, II』．朝倉書店，1996．

[1] は息長く読まれているやさしい解説書である．[2] と [3] は同じ著者のものであるが，[2] はホモロジー理論を，[3] はホモトピー理論を中心に扱ったものである．どちらも数学の中の議論が中心で，実社会への応用についてはほとんど触れられていないが，それにしても驚くほど読みやすい．[4] は 6 人の著者が，それぞれのトピックスについて，肩の力を抜いて自由に語っている．

　厳密な議論に基づいてもっと本格的に勉強したいという人のための入門書には次のものがある．

[5] 田村一郎:『トポロジー』．岩波全書 276，岩波書店，1972．
[6] クゼ・コスニオフスキ（加藤十吉 訳):『トポロジー入門』．東京大学出版会，1983．
[7] 加藤十吉:『位相幾何学』．裳華房，1988．

　次の本は，トポロジーの最も基礎となる位相構造に絞って，距離との関係が

必ずしもない抽象的な位相も含めて解説したものである．

[8] M.C. Gemignani: *Elementary Topology.* Second edition, Dover Publications, Inc., New York, 1990.

これは英文であるが，基礎的なことがらが明解に述べてあり，数理的なことがらの英語での表現を学ぶという観点からも役に立つ本である．

トポロジーに関してさらに深く学びたいという人には，次の本が名著として有名である．

[9] S. Lefschetz: *Algebraic Topology.* American Mathematical Society, New York, 1942.

微分幾何学との関係を強調した入門書には次のものがある．

[10] 本間龍雄，岡部恒治:『微分幾何とトポロジー入門』．新曜社，1979．
[11] 和達三樹:『微分・位相幾何』．理工系の基礎数学 10，岩波書店，1996．

ホモトピーやホモロジーを理解するためには，群に関する基本的なことがらもわかっていなければならない．群を含む代数についてさらに学びたい人のためには，たとえば次のようなものがある．

[12] ファンデルヴェルデン（銀林　浩 訳):『現代代数学 1，2，3』．東京図書，1960．
[13] 石田　信:『代数学入門』．実教出版，1990．
[14] 杉原厚吉，今井敏行:『工学のための応用代数』．工系数学講座 4，共立出版，1999．

[12] は古くから読み継がれている名著である．[13] は基本的なことが手際よくまとめられている．[14] は応用との関係を重視したものである．

トポロジーの計算論は歴史の浅い学問分野で，成書はあまりない．本書を書くにあたっては，次のような国際会議論文を参考にした．

[15] G. Vegter and C.-K. Yap: Computational complexity of combinatorial

surfaces. *Proceedings of the 6th Annual ACM Symposium on Computational Geometry*, Berkeley, 1990, pp.102–111.

[16] C.J.A. Delfinado and H. Edelsbrunner: An incremental algorithm for Betti numbers of simplicial complexes. *Proceedings of the 9th Annual ACM Symposium on Computational Geometry*, San Diego, 1993, pp.232–239.

[17] T.K. Dey: A new technique to compute polygonal shema for 2-manifolds with application to null-homotopy detection. *Proceedings of the 10th Annual ACM Symposium on Computational Geometry*, Stony Brook, 1994, pp.277–284.

また，計算論を支えるアルゴリズムとデータ構造の理論に関しては，たとえば次のようなものがある．

[18] エイホ，ホップクロフト，ウルマン（野崎昭弘，野下浩平 訳):『アルゴリズムの設計と解析，I，II』．サイエンス社，1977．

[19] R.E. Tarjan（岩野和生 訳):『データ構造とネットワークアルゴリズム』．マグロウヒル，1989．

[20] 浅野哲夫:『データ構造』．近代科学社，1992．

[21] 浅野孝夫，今井 浩:『計算とアルゴリズム』．オーム社，2000．

グラフ理論に関しては，本書ではその入口を眺めたに過ぎない．応用との関係を見失わないように心掛けたが，紙面の制限から，具体的な計算アルゴリズムにまで踏み込むことはできなかった．グラフ理論について，さらに深く学びたい人のためには次のような教科書がある．

[22] R.G. バサッカー，T.L. サーティ（矢野健太郎，伊理正夫 訳):『グラフ理論とネットワーク — 基礎と応用』．培風館，1970．

[23] 伊理正夫，白川 功，梶谷洋司，篠田庄司:『演習グラフ理論 — 基礎と応用』．コロナ社，1973．

[24] C. ベルジュ（伊理正夫，他 訳):『グラフの理論 1, 2, 3』．サイエンス社，1976．

[25] C.L. リュー (成嶋　弘, 秋山　仁 訳):『コンピュータサイエンスのための組合せ構造とグラフ理論入門』. マグロウヒル好学社, 1978.

いずれも少々古い本であるが, グラフ理論は, 応用の立場からこの当時脚光を浴び, 研究の上でも啓蒙書の著作の上でも華々しい成果を上げている.

性質 7.8 の証明は, 次の論文を参照されたい.

[26] H. Whitney: Congruent graphs and the connectivity of graphs. *American Journal of Mathematics*, Vol.54 (1932), pp.150–168.

この論文は, グラフのホモロジー構造的な側面をとらえようとした "走り" の一つである.

索　引

ア　行

アフィン結合　67
アーベル群　35, 94
r 次元単体　71

囲碁　155
位数　97
位数無限大の巡回群　97
位相空間　20
位相的に等価　176
位相同型写像　21
位相不変性　104
位相不変量　24
1 次元球体　43
1 次元球面　43
1 次元鎖群　117
1 次元輪体群　166
1 次元輪体認識　126
1 次従属　113
1 次独立　113
位置ベクトル　68
1 連結　173

ヴィルティンガー表示　55
埋込みグラフ　176
上糸　62

XYプロッタ　169
ε 近傍　13
エプシロン・デルタ論法　18

演算　35
円柱　44

オイラーサイクル　167
オイラー数　104, 114, 157
オイラー路　167
親　127
折れ線　75
折れ線群　79

カ　行

開集合　14
階数　113
外分　68
開放除去　174
回路図　7
可換群　35, 94
加群　35, 94
　　──の基本定理　98
画素　152
空送り　170
完全位相不変量　25
完全グラフ　180
完全部分グラフ　180
完全マッチング　185

木　165
奇数次数　167, 170
基底　94
基点　31
基本群　42, 79, 118

逆元　35
球体　43
球面　12, 33, 43
境界　84
境界写像　84
境界輪体　88
境界輪体群　88, 120
強連結　186
強連結成分　186
強連結成分グラフ　187
強連結分解　187
局所ホモロジー群　131
距離空間　12

偶置換　81
組合せ的にホモトープ　78
クラインの壺　140
クラトフスキーグラフ　174
グラフ　145, 160
グラフ理論　7, 160
クリーク　180
黒図形　153
群　35

k 連結　173
結合律　35

子　127
交互道　184
交差点　53
合同　97

サ 行

鎖　82
サイクル　163
サイクル族　164
サイクルマトロイド　164
最大クリーク　180
最大公約数　98
最大マッチング　183, 187

最短マッチング　171
最適な筆順　170
鎖群　82, 84
三角形メッシュ　5, 141
三角不等式　12
3次元球体　43
3連結　173
3連結平面グラフ　177

次元　72
次数　167
下糸　62
始点　27, 75, 161
自転車の錠　61
自明な結び目　51
自由加群　94, 107
従属集合　164
終点　27, 75, 161
種数　141
巡回群　97
準同型　36
準同型写像　37, 84
準同型定理　93
剰余群　92, 102
剰余類　30
初等変形　76
白図形　153

図形　9
図式　53

正規部分群　90
星状　22
星状体　131
星状複体　131
整数加群　95
正多面体　178
積　75
接続　160
接続行列　162
全域木　145, 165, 179
全射　16

索　引

全単射　16

双射　16
双対グラフ　178, 179

　　　　　タ　行

第1種（多角形表示）　136
台集合　164
第2種（多角形表示）　136
多角形表示　136, 139, 143
　　——の計算　143
　　——の最小化　145
多面体　178
単位元　35
単射　16
単体　71
単体写像　73
単体同型　73
単体同型写像　73
単体分割　132
単体分割可能　132
端点　160
短絡除去　145, 175

置換　81
頂点　160
頂点グラフ　178
直積　36
直和　36, 95

DM分解　189
ディジタル画像　152
ディジタルトポロジー　152
展開図　179
点彩色　181
点彩色数　181

同型　37, 161
同型写像　37, 161
同相　21
同相写像　21

同値関係　29, 91
同調　134
同値類　30, 91
独立集合　164
凸 n 角形　79
凸 n 角錐　79
凸結合　71
トーラス　34, 46, 89

　　　　　ナ　行

内分　68

二項関係　29
ニコニコパズル　3, 58
2次元球体　43
2次元球面　43
2次元ホモロジー多様体　139, 141
二部グラフ　185, 187
2連結　173

ねじれ係数　104
根つき木　127

　　　　　ハ　行

バケット　171
バケット法　171
8近傍　154
8連結　154
8連結成分　154
ハミルトンサイクル　172

筆順の改善　169
一筆書き　7, 167
被覆　183

複体　72
普遍被覆空間　150
プリント配線　8
プロッター　7

閉曲面　116, 130, 133
平面グラフ　161, 174
ベッチ数　104, 116
　　——の計算　122, 125
　　——の変化　120
辺　160
辺彩色　182
辺彩色数　182

補木　166
北極　33
ホモトピー　29
ホモトピー同値類　32, 78
ホモトープ　29, 78
ホモトープ性の判定　147
ホモローグ　103
ホモロジー群　102, 118
ホモロジー多様体　132
ホモロジー類　102

マ　行

マッチング　171, 183
　　——の大きさ　171
まつわり複体　131
マトロイド　164
マンハッタン距離　25

ミシン　4, 62
道　27

向きづけ可能　134, 137
無限巡回群　97
無向グラフ　161
結び目　50
　　——の図式　53
結び目群　54

メッシュ　6, 141, 159
メビウスの帯　45, 115

面　71, 177
面グラフ　178

森　165

ヤ　行

有限生成加群　94
有限要素法　6
有向グラフ　161, 186
有向サイクル　187
有向単体　81
有向道　186
ユークリッド距離　12
ユークリッド空間　11

4 近傍　153
4 連結　154, 173
4 連結成分　154

ラ　行

立方体　79
隣接　160
輪体　87
　　——の出現　123
輪体群　87, 120, 164

ルーツ　127
ループ　31, 54

連結　28, 111, 165
連結成分　111
連続　17
　　——な変形　9, 51
連立方程式　189

ロープはずし　59
ロープマジック　2, 57

著者略歴

杉原 厚吉（すぎはら・こうきち）

1948 年　岐阜県に生まれる
1973 年　東京大学大学院工学系研究科修士課程（計数工学）修了
現　在　東京大学大学院情報理工学系研究科数理情報学専攻教授
　　　　工学博士
主な著書　『計算幾何工学』（培風館，1994）
　　　　　『グラフィックスの数理』（共立出版，1995）
　　　　　『だまし絵であそぼう』（共著，岩波書店，1997）
　　　　　『FORTRAN 計算幾何プログラミング』（岩波書店，1998）
　　　　　その他

朝倉復刊セレクション
ト ポ ロ ジ ー
応用数学基礎講座 10

定価はカバーに表示

2001年 9 月15日　初版第 1 刷
2019年12月 5 日　復刊第 1 刷
2021年 5 月25日　　　　第 2 刷

著　者　杉　原　厚　吉
発行者　朝　倉　誠　造
発行所　株式会社　朝　倉　書　店

東京都新宿区新小川町 6-29
郵 便 番 号　162-8707
電　話　03(3260)0141
Ｆ Ａ Ｘ　03(3260)0180
http://www.asakura.co.jp

〈検印省略〉

© 2001〈無断複写・転載を禁ず〉　　　三美印刷・渡辺製本

ISBN 978-4-254-11850-6　C3341　　Printed in Japan

JCOPY〈出版者著作権管理機構 委託出版物〉
本書の無断複写は著作権法上での例外を除き禁じられています．複写される場合は，そのつど事前に，出版者著作権管理機構（電話 03-5244-5088, FAX 03-5244-5089, e-mail: info@jcopy.or.jp）の許諾を得てください．

朝倉復刊セレクション

定評ある好評書を一括復刊　［2019年11月刊行］

数学解析 上・下（数理解析シリーズ）	溝畑　茂 著　A5判・384/376頁(11841-4/11842-1)
常微分方程式（新数学講座）	高野恭一 著　A5判・216頁(11844-8)
代　数　学（新数学講座）	永尾　汎 著　A5判・208頁(11843-5)
位相幾何学（新数学講座）	一樂重雄 著　A5判・192頁(11845-2)
非線型数学（新数学講座）	増田久弥 著　A5判・164頁(11846-9)
複素関数（応用数学基礎講座）	山口博史 著　A5判・280頁(11847-6)
確率・統計（応用数学基礎講座）	岡部靖憲 著　A5判・288頁(11848-3)
微分幾何（応用数学基礎講座）	細野　忍 著　A5判・228頁(11849-0)
トポロジー（応用数学基礎講座）	杉原厚吉 著　A5判・224頁(11850-6)
連続群論の基礎（基礎数学シリーズ）	村上信吾 著　A5判・232頁(11851-3)

朝倉書店　〒162-8707 東京都新宿区新小川町6-29　電話(03)3260-7631 FAX(03)3260-0180
http://www.asakura.co.jp/　e-mail／eigyo@asakura.co.jp